MBTI
拥抱多巴胺人生
十六型人格

李果 编著

新世界出版社
NEW WORLD PRESS

……

你真的了解自己吗？

你知道自己需要什么吗？

你知道什么样的人生适合你吗？

你从哪里获取能量？

你真的了解他 / 她吗？

你有过迷茫的时候吗？

你真的了解自己的情绪吗？

^ ^

你想停止内耗吗？

你适合与什么样的人交朋友？

你知道怎样才能快乐吗？

……

CONTENTS 目录

序言

十六型人格

更好地认识自己，拥抱自己

当谈论到每个人不同的个性特质和行为倾向时，大家热衷于用“贴标签”的方式来划分不同的人，比如她是热情而共情力强的人，他是内向且理智的人……

而 MBTI（Myers-Briggs Type Indicator）便是将人们分为了 16 种人格类型的人格测试工具。它基于心理学理论，归纳了影响性格的全部因素，旨在帮助我们更好地理解自己和他人。看似简单的四个字母组合，背后却蕴含着一种丰富的人格分类系统。

MBTI16 型人格的起源要追溯到上个世纪第二次世界大战期间，当时大量男性奔赴战场，社会上的各种工作岗位由女性接替，为了帮助这些从未工作过的家庭妇女们找到最适合其性格的工作，迈尔斯 · 布里格斯母女以著名心理学家卡尔 · 荣格创造的八维理论为基础，进一步深化，形成了四个维度，分化成 16 种人格，MBTI 人格测试就此诞生，并随之成为世界上应用最广泛的职业人格测试。

这种人格测试为我们提供了一个大框架，能帮助我们了解自己的思考方式和偏好，我们能更深入地挖掘出自己的潜在优势——能说会道、热衷规划、领导力强或是创意丰富，等等，你总能从中找到自己无可替代的地方！

MBTI基于四个主要维度

E	外向 EXTROVERSION	内向 INTROVERSION	I
S	实感 SENSING	直觉 INTUITION	N
T	逻辑 THINKING	情感 FEELING	F
J	判断 JUDGING	知觉 PERCEIVING	P

通过将这些维度组合在一起，MBTI 可以形成 16 种不同的个性类型，每种类型有着自己的特点和倾向。在 16 种类型中，有温柔的守护者、自信的战略家、好奇的艺术家……从四个角度揭示了不同的人对于事物不同的认知以及行为上的偏好。

为什么有些人共情力超高，看电影极容易代入，对于身边好友的抱怨也总能温柔倾听，而我却不行呢？原来他是 F（情感型）值相当高的人格，比起用逻辑和理性去分析，他会更加重视人与人之间的情感问题。

同时，在了解自我后，你会更容易寻找到擅长的人生道路，例如创造力强就不要将自己局限在重复无意义的劳动中，共情能力强的人就更适合与人打交道、治愈他人和自我。

在本书中，你将通过测试获得最符合你的人格符号，通过 MBTI 来读懂自身。只有真正了解自我，才能明白内心深处的过度敏感、焦虑内耗、讨好型人格、边界感过强等负面情绪，都可以转化为治愈自己的良药，从而更加积极地提升自我、挑战自我，实现个人价值的最大化，为社会做出更多的贡献，活出更幸福、更精彩的人生！

测测你的快乐密码

CHAPTER 1

我们先来进行一个小测试
测测你的快乐密码是什么

请你确保现在有 5 分钟的个人时间，
并在安静的环境下完成这个小测试。
每个问题尽量在 5 秒内进行选择，
以保障测试的准确性。

测测你的快乐密码

选出你更倾向的行为

① 与不太熟的朋友进行社交活动时，你更倾向于：

（I）少说话，静静地观察和倾听其他人的谈话。

（E）踊跃参与谈话，喜欢与他人交流和倾诉近期发生的事情。

② 当在学习、工作中需要团队合作时，你更喜欢：

（I）避免过多的社交互动，自己独立完成任务。

（E）积极与他人合作，希望大家能共同讨论和完成任务。

③ 度过了一天充足的社交活动后，你会：

（I）感到疲惫和能量耗尽，希望得到一些独处时间，让自己缓一缓。

（E）感到兴奋和精神充沛，希望与他人一起度过剩下的时间，甚至会规划之后的社交活动。

④ 你与他人建立关系时，优先考虑的是：

（I）交到几个亲密的朋友，深入发展。

（E）扩大社交圈子，结交更多的团体和人。

⑤ **需要和陌生人交流的场合中，你通常是：**

（I）保持沉默，尽量少说话，需要时间来适应和放松。

（E）感到自在并迅速地融入对话。

⑥ **当你有空闲时间时，你更倾向于：**

（I）在家中和朋友一起观看一部听说不错的电影。

（E）和朋友一起外出娱乐。

⑦ **你的家人亲戚们经常对你说：**

（I）别太沉默了，多说说话呀。

（E）你话太多啦，自己玩儿去吧。

⑧ **当有一件重要的事情需要你做出决策时，你更倾向于：**

（I）独立思考并自我反省后做出判断。

（E）挨个征求朋友、家人、恋人的意见。

⑨ 和爱慕对象的首次约会，你更倾向于：

（I）安静害羞，多倾听，谈话有所保留。

（E）打直球、偏向主动，想多和对方分享自己近期的趣事。

⑩ 当社交活动结束后，被临时通知还有一个活动接档时，你的反应是：

（I）已经耗尽精力，内心心理活动：啊啊啊！放我走。

（E）眼前一亮，越玩越开心，甚至不想回家。

⑪ 去陌生城市旅游，打车时你会：

（I）一路沉默，尽量避免和司机师傅对视。

（E）和司机师傅聊天，问问有什么好吃的、好玩的推荐。

⑫ 在人很多的景区游玩，和朋友相互拍全身照时，你会：

（I）觉得好尴尬，好多人在看我！赶紧拍完赶紧走。

（E）享受人群的注视，多摆几个姿势！

⑬ 独自一人外出迷路了，你会选择：

（I）打开手机坚持跟着导航走。

（E）大胆地寻找附近的路人问路。

⑭ 和朋友相处时，你更倾向于：

（I）独立思考，不太喜欢将所有事都分享给朋友。

（E）无论发生什么事都想第一时间分享给对方。

⑮ 在你的朋友圈中，你是：

（I）较为内向，以倾听朋友发言为主的人。

（E）最活泼、最能带动朋友情绪的人。

⑯ 在参加一个有很多人的社交活动时，对你来说最舒适的状态是：

（I）在没什么人关注的角落里，和熟悉的一个或几个朋友聊天。

（E）在人群中心与各种人交流，不主动怎么认识新朋友！

⑰ 当你处于陌生的环境中，遇到了一个不太熟但很久前就想亲近的朋友时，你更有可能：

（I）开始在内心思考该如何打招呼，以及对方跟你打招呼时该怎么回应。

（E）迅速地走过去和对方打招呼，并愉快地进行交谈。

⑱ **当你陷入低谷，你更倾向于从何处得到动力：**

（I）独立思考和判断。

（E）朋友、家人的倾听和鼓励。

⑲ **在学习一项新技能或开展个人兴趣爱好时，你更喜欢：**

（I）独自研究，开始自学。

（E）寻找志同道合的伙伴一起学习和合作。

⑳ **在没有规划的空白时间里，你更喜欢：**

（I）在独自的空间里，进行一些个人爱好或放空休息。

（E）与朋友、家人一起聊天或出门玩乐、参加活动。

数数你在这 20 道题中选择的“I”和“E”的数量，
数量多的那一个就是专属于你的第一个字母。

如果两个字母数量完全一样，就把它们都记下来。

①**当你在回家路上看到了一家新开业的店时，你会想：**

（S）哦哦，新开了家店啊。

（N）哇！是汉堡店——汉堡还是前面一家好吃——第一次吃的时候超开心——欸，对了我还拿了他家的优惠券——优惠券去哪儿了呢——是不是和衣服一起洗了——下次再去吃吃看，嘿嘿。

②**看完一部难忘的电影后，你的想法是：**

（S）这电影拍得真不错啊，还想再看一遍！

（N）为什么会是这样的结局？大团圆的背后是悲剧的内核，生活的意义又在哪儿？

③**你的朋友经常说你：**

（S）叙述一件事时倾向于循序渐进，按照一定顺序来描述。

（N）聊天时思维过于跳跃，有时候也会绕着圈子讲。

④**领导、老师布置了一项任务时，你倾向于：**

（S）按照已知的流程和准则执行。

（N）积极地面对现状并寻找创新方法。

⑤ 当你和朋友沟通或表达自己的想法时，你更偏向于：

（S）注重细节表达，会引用实际的例子、事实。

（N）喜欢比喻和抽象的概念，说着说着就容易跑偏。

⑥ 当你回忆过去的经历时，你更可能：

（S）回忆起具体事件中的细节，以及它们给你带来的感受。

（N）回忆起事件的意义和后续带给你的影响。

⑦ 当你在一个新的地方时，你更容易注意到：

（S）具体的细节，如颜色、味道和声音。

（N）整体格局和氛围感。

⑧ 当阅读一本小说时，你更容易注意到：

（S）故事中发生的具体事件和细节。

（N）故事中蕴含的意义和主题。

⑨ 当需要你来安排和朋友的约会时，你更会关注：

（S）细节安排，如时间、地点和活动流程。

（N）活动的氛围、主题和朋友间的互动。

⑩ 当走进一家你常去的奶茶店，你更倾向于：

（S）点一杯自己常喝的奶茶。

（N）多尝试新鲜口味。

⑪ 无论遇到什么事情，你都更愿意相信：

（S）自己的观察和现成的经验。

（N）自己的直觉和灵感。

⑫ 在做决策时，你更倾向于：

（S）分析每个选择的具体利弊和可能产生的后果。

（N）相信自己的直觉和洞察力。

⑬ 当你有了一个新的机会或挑战时，你的第一反应是：

（S）考虑完成这一挑战的现实需求和条件。

（N）想象它可能带来的未来发展和机遇。

⑭ 在进行一个团队项目中，你更乐于扮演：

（S）实施者的角色，负责具体的任务和细节。

（N）创意者的角色，提出新的想法和全局观点。

⑮ 在进行一个新项目或任务时，你觉得：

（S）细节、实际要求和具体步骤更重要。

（N）整体目标和未来发展的前景更重要。

⑯ 当旅行时，你更注重：

（S）享受周围的景色、氛围和感官体验。

（N）研究目的地的历史、文化和当地人的生活方式。

⑰ 你的朋友或是家人经常说你：

（S）你好现实 / 你的观察力好强 / 描述事物很重视细节。

（N）你的脑洞太大了 / 怎么说着说着就跑偏了 / 别想这么多。

⑱ 你会经常思考生存的意义吗？

（S）没怎么想过这类问题。

（N）会啊，还会思考宇宙的规律、人类的归宿等等。

⑲ 当你处理一项任务时，你更倾向于：

（S）关注细节和具体步骤。

（N）着眼于整体目标和概念。

⑳ 你认为你是：

（S）现实主义者。

（N）理想主义者。

数数你在这 20 道题中选择的“S”和“N”的数量，数量多的那一个就是专属于你的第二个字母。

如果两个字母数量完全一样，就把它们都记下来。

① 当你需要在工作或学习中与他人合作时，你更希望有：

（F）温柔体贴、能照顾他人情绪的组员。

（T）说话直接但逻辑性强、理性思考的组员。

② 当你是一个小组的组长，在做决定的时候，你更多去考虑：

（F）小组人员的意见和感受。

（T）小组目标的实现。

③ 当你与亲友发生冲突时，你更倾向于：

（F）考虑他们的情绪，认为为了达成共识委屈一下也没什么。

（T）分析问题，并冷静寻找基于事实的最佳解决办法。

④ 当你和好友约好去看电影，但是对方突然取消了约定。你会：

（F）关心朋友来不了的原因，试图理解好友的情感状态并提供帮助。

（T）从事实上考虑，感到失望后寻找替代的解决方案。

⑤ 当你的两个好友发生了争执，找你寻求建议。你会：

（F）认真倾听他们的观点，各自安慰，并试图帮助他们找到一个和解办法。

（T）理性分析观点和争论的逻辑，确定谁对谁错，并给予他们可能的解决方法和建议。

⑥ 当你是一次社交活动的组织者，你更倾向于：

（F）确保每个参与者都感到舒适和包容，因此会花时间倾听他们的需求和意见。

（T）注重活动的安排和流程，更关注活动的效率和能否顺利进行。

⑦ 当你的朋友向你倾诉他们的感受或情绪时，你更有可能：

（F）认真倾听，感同身受并给予情感上的支持，安慰对方。

（T）分析问题的原因和解决办法，试图给出实际的建议和解决方案。

⑧ 当你与他人进行争论时，你更愿意：

（F）换位思考体会对方的感受，并尽量保持和谐的关系。

（T）从事实出发，开始逻辑推理，即使争辩也要有个答案。

⑨ 当与他人沟通时，你更喜欢：

（F）多加语气词或是表情包，注重情感的传递。

（T）尽量避免语气词，希望能清晰准确地表达。

⑩ 当需要购买一件物品时，你更关注：

（F）商品是否符合你的个人偏好，以及是否能给你带来情感上的满足。

（T）商品的功能和实用性，会和其他产品进行比较和评估。

⑪ 你的购物列表经常会被爸妈 / 朋友说：

（F）你怎么老是买些没用的 / 这东西凭什么这么贵 / 一点性价比都没有呀。

（T）这些东西好实用 / 你好会货比三家呀 / 这个价格好划算。

⑫ 当你的朋友考试成绩不理想时，你的反应可能是：

（F）辛苦了，下次我们再努力 / 不伤心，我们一起出去玩吧。

（T）为什么没过呀，可以尝试多做做题 / 把我过的方法告诉你！

⑬ 当你的朋友在情感问题上有苦恼时，你更倾向于：

（F）花时间倾听他们的倾诉，共情对方并陪伴朋友走出困境。

（T）分析问题的起因并寻找解决方法，想帮助他们摆脱困境。

⑭ 你的朋友 / 恋人 / 父母曾对你说过：

（F）你好温柔 / 谢谢你总是听我倾诉 / 你的情感太丰富啦。

（T）你好冷漠 / 不能温柔点吗 / 我只是想让你安慰安慰我。

⑮ 当许久未见的朋友给你发消息，称“看到月亮所以想起你了”，你会觉得：

（F）好感动 / 我也想你了 / 有朋友真好。

（T）为什么看到月亮想起我了 / 我和月亮有什么关系？

⑯ 当朋友告诉你：心情不好，所以我去染头发了。你会觉得：

（F）怎么心情不好了？跟我说说。

（T）染的什么颜色 / 心情不好为什么要染头发？

⑰ 当同学 / 同事对你说，好烦，去看电影吧，你会回复：

（F）为什么烦？有什么事说出来就好了。

（T）好啊好啊，我刚好看到一部新上映的电影还不错。

⑱ 你认为的“自杀”的反义词是：

（F）活着 / 生存 / 求生。

（T）他杀 / 谋杀 / 杀人。

⑲ 当你的同学 / 同事说：“你成绩真好，我看你也不怎么努力呀，果然还是聪明最重要。”你的反应是：

（F）有点伤心，我明明有在努力呀。

（T）心情真好，我果然是天才。

⑳ 当看到新闻或文学作品中遭遇不幸的人，你更容易：

（F）共情对方并感同身受。

（T）思考自己如果是对方可以做些什么。

数数你在这 20 道题中选择的“F”和“T”的数量，
数量多的那一个就是专属于你的第三个字母。

如果两个字母数量完全一样，就把它们都记下来。

①你和好友决定去旅行，确定好出行地点后你会选择：

（J）列好每天的计划和行程安排，以防到达目的地后不知道去哪儿。

（P）收集目的地的好去处但不做安排，到达旅游地后再随机做选择。

②你正在完成（或执行）一个作业 / 任务，但同时又接到了另一个紧急作业 / 任务。你会：

（J）立即把紧急作业 / 任务放在首位，以确保问题及时解决。

（P）先完成当前作业 / 任务，之后再处理紧急作业 / 任务。

③当你正在完成一项重要工作 / 作业时，朋友邀你出来见面，你会倾向于：

（J）坚持按计划完成工作 / 作业，然后再去找朋友玩。

（P）推迟工作 / 作业，马上去见朋友，回来再继续完成任务。

④当你和朋友约好聚会后，得知一家你心心念念的餐厅推出了限时优惠，你会决定：

（J）坚持原定的聚会计划，放弃餐厅的特别优惠。

（P）取消原定的聚会计划，趁优惠期去享受餐厅的特别优惠。

⑤ 当你到达健身房，发现所有的器材都被人占用。你会：

（J）等等他人，认为还是按计划来完成健身任务比较好。

（P）先找找有没有其他可替代的锻炼方式吧，下次再按计划来。

⑥ 当你参加一个有多种游戏的社交活动时，你更喜欢：

（J）提前准备好计划并按时参与活动的不同环节。

（P）在活动中随意选择，并根据当下的情况自由决定是否参与。

⑦ 当你打算在家进行大扫除的时候，会更倾向于：

（J）按照计划行事，分步骤清理不同的区域。

（P）随性安排需要打扫的区域，弄不完就留到明天。

⑧ 你的手机应用程序分类更倾向于：

（J）按功能 / 颜色 / 使用频率分区，清晰高效。

（P）有些分区了，有些没有，或是完全不分区，随心分类。

⑨ 当去超市采购用品时，你更倾向于：

（J）按照购物清单购买需要的物品，很少会买超过计划外的。

（P）先买必需品，再根据当下的兴趣和需要进行购物，随意选择商品。

⑩ 和朋友约会时，你更喜欢：

（J）守时和有组织性，按照预定时间安排行程。

（P）灵活和随性的安排，先出门再随机应变。

⑪ 当制定学习目标时，你更倾向于：

（J）设定明确的标准和时间表，并尽量按要求完成。

（P）设定大的时间点，其他细节可随机应变。

⑫ 过生日时，你更希望收到：

（J）目前需要的购物清单中的东西。

（P）在自己意料之外的惊喜礼物。

⑬ 当你在线上购物时，你更喜欢：

（J）先确定好需要购买的商品，再统一结算。

（P）浏览到感兴趣的商品就立即下单。

⑭ 参加社交活动时，你更容易：

（J）提前出门，留十至二十分钟避免路上发生意外。

（P）计划好时间，但总是晚出发或是匆匆忙忙地出门。

⑮ 领导要求你完成一个重要策划时，你更倾向于：

（J）提前做好准备，制定详细的大纲和结构，并按计划完成报告。

（P）先收集和整理相关信息，然后根据需要进行整合和补充。

⑯ 当你需要组织一个团队完成任务时，你更喜欢：

（J）组织和安排好每个人的任务，确保大家都明确自己的角色。

（P）鼓励团队成员发挥创造力和灵活性，有什么想法都可以提出。

⑰ 当你拥有大量空闲时间，独自外出时你会：

（J）计划好最方便的交通工具和出行路线。

（P）更喜欢漫无目的地随机出游。

⑱ 当需要早起的时候，你的模式是：

（J）定闹钟但不会太多，第一个闹钟清醒，第二个闹钟起床。

（P）定五六个闹钟，一定要等最后一个闹钟响起才能磨磨蹭蹭起床。

⑲ **当有两个任务 / 作业的完成时间有重叠时，你更容易：**

（J）先完成第一个任务 / 作业，再开始下一个。

（P）两个任务 / 作业一起做，写写这个，再写写那个。

⑳ **当工作 / 作业和与朋友的约会同时出现在一个时间段内，你会选择：**

（J）完成工作 / 作业后再放心玩乐。

（P）玩够了再开始工作 / 作业。

数数你在这 20 道题中选择的“J”和“P”的数量，数量多的那一个就是专属于你的第四个字母。

如果两个字母数量完全一样，就把它们都记下来。

做完所有的题目后，
相信你对自己已经有了初步的了解！
将获取的四个专属字母按顺序排列，
这就是你的 MBTI 人格符号啦。

快来查看属于你的人格的“治愈分析”吧。

若出现两个字母数量完全一样的情况，
说明你在精力来源 / 认知方式 / 判断方式 / 生活方式上
保持着很好的平衡哦，
建议同时查看两个不同人格的治愈分析 ~

MBTI
DIRECTORY

ISFP
艺术蛋

ISFP是16型人格中最接近“圆形”的人格，他们性格温润，几乎没有棱角，相当友好且好相处，待人温和友善，和大部分人都能和平共处。

他们像是平和又敏感的猫咪，看似懒洋洋的，但可以接受朋友提出的一切要求，能敏锐察觉周围人的情绪变动，体贴地照顾到其他人的情绪。独自一人的时候，也能待在自己的舒适圈里享受着“小确幸”，热衷于当下的安逸，不会对未来计划太多。

ISFP是很有艺术气息的人格，他们总能捕捉到生活中点滴的美，是无论和他人还是和自我都能相处得很好的乖巧小猫一只。

想深入了解ISFP（艺术蛋）
请你跳转到 049 页

ISTP
自由蛋

ISTP 是行动至上的冒险家，比起虚无缥缈的话语，他们更喜欢行动，也被称为是 16 型人格中最具动物思维的人格，几乎不会为了社会规则去改变自己的天性，是传说中最能站起来反抗权威的人——“想让我屈服，做梦吧”。

他们是沉默的狼，习惯性地暗中观察万事万物，相当注重个人隐私和边界感。面对事物保持冷静和客观是他们的特性，讨厌一切过度情绪化的人，喜欢追求新的刺激和体验，喜欢挑战令人兴奋的活动，喜欢自主地决定自己的行动步骤。这就导致了 ISTP 很难对自己不满的人或事低头，不想做的事绝对不会去做，不喜欢的人也绝不搭理。

“规则什么的，我不在乎。”

想深入了解ISTP（自由蛋）
请你跳转到058页

ESFP
社交蛋

如果人生是一场派对，那 ESFP 就是最强节奏掌控者。

从外部吸收能量，注重情感表达、表现力强又随性，对 ESFP 来说，世界就是他们的大舞台，他们热爱展现自我，也愿意成为人群中的焦点 / 显眼包。社交对于他们来说必不可少也如鱼得水，似乎在任何场合都能随时轻松打开社交话题，有 ESFP 在，绝不会冷场。

不仅如此，ESFP 重视外在的形象和个人装扮，乐此不疲地展现自己的风格和时尚感。在社交上也很会注重他人感受，能毫不吝啬给予他人积极的反馈和夸赞，是当地小有名气的社交小能手。

这样的人，怎么会不是人群中的中心呢？

想深入了解ESFP（社交蛋）
请你跳转到067页

ESTP
潇洒蛋

ESTP 就像喜剧动作片中的主角一样，精力旺盛、行动如风，很难让他们停留下来。说起话来也是机灵、幽默，伶牙俐齿又嬉皮笑脸的，似乎永远没有烦恼，永远在追逐更新鲜更刺激的事物。

对于 ESTP 来说，人生当前，“乐子”是最重要，他们热爱在生活中寻找快乐和刺激，思维开阔包容，为人直爽又幽默，很容易和各种人打成一片。

当然，看起来乐观简单的他们，也是所有类型中最热衷冒险的行动家，是以目的为导向的优秀探险者，是典型的实用主义者。虽然利己但坦坦荡荡从不掩藏，ESTP 注重当下的感受，凭借自己的经验做事，即使面对未来的不确定性，也有勇气大胆往前冲。一旦下定决心开始奔跑，谁都无法阻止。

不愧是传说中能在 MBTI（人格测试）大赛中坚持到最后的超强能力者！

处事信条：简单粗暴、直接高效。

想深入了解ESTP（潇洒蛋）
请你跳转到076页

ISTJ 模范蛋

ISTJ 就是传说中“别人家的孩子”，他们习惯性循规蹈矩、稳定前进。这是最容易产生公务员、职场精英的人格。他们有一套务实的价值标准，且这套标准基本和社会的规则契合。这也就是 ISTJ 容易在世俗中过得很好的原因。他们高效、勤劳、诚实且有逻辑，上学时期是按时完成作业、认真整理笔记、有自己的学习规划的课代表，上班后是低调、守信，自我规划准确的精英打工人，主打一个靠谱。

ISTJ 的信条就是：在其位谋其职，只要是符合自己价值观的事情，他们都能做得很好。向往成为强者的天性让他们也喜欢和同样有野心、有目标的人同行，共同进步才是上策！

想深入了解ISTJ（模范蛋）
请你跳转到085页

ISFJ
守护蛋

ISFJ 和 ISTJ（模范蛋）都相当重视内心的秩序，但 ISFJ 的秩序是和外界相关联的，他们希望自己周围的一切都是和谐的、友善的，因此 ISFJ 和 ISTJ（模范蛋）最大的差别就是：ISFJ 是很极致的利他主义者——“守护世界和平是我的使命！”他们愿意帮助身边的人，愿意照顾爱的人，能在奉献和付出中验证自我价值，是超体贴的小护士一枚哦！

ISFJ 能主动在社交场所中“为 I 做 E”（内向者为了社交被迫开始外向）打开话题避免尴尬，也会在私下细心地发现你的情绪，默默照顾你的需求，所求的只是你的一句夸奖，简直是“天生妈咪”！不过，千万不要把他们的付出当作理所当然哦，ISFJ 小天使也会在心里默默难过的哦。

想深入了解ISFJ（守护蛋）
请你跳转到094页

ESTJ
卷卷蛋

如果有哪两个字贯穿 ESTJ 的一生，那就是“高效”！ESTJ 是典型的将军型人格，有着与生俱来的领导力，胜负欲超强，看人看事都是以结果为导向。这当然不是贬义词啦，ESTJ 可是 16 型人格统计中，年收入最高的人格之一，究其原因就是他们注重现实利益：

“学英语能帮助我涨工资吗？那就学！”

“完成这个任务能让我更开心吗？那就去做！”

“看这部电影能提高我的审美能力吗？那就去看！”就连玩游戏，也只是为了良好的社交罢了。更可怕的是，ESTJ 还有着超强的行动力，能高效规划的同时，再困难的情况也愿意勇敢推进。

ESTJ 就像你生活中的领导，学习上的班长，周围人中永远的那个第一，优秀就是他的底色。

想深入了解ESTJ（卷卷蛋）
请你跳转到103页

ESFJ
天使蛋

ESFJ 就像热心肠的金毛犬，每天都会和朋友疯狂摇尾巴："你有什么需要帮助的吗？""和我一起玩吧，我听到别人说新上映的电影很精彩，我们叫上其他人一起去吧！"

他们很擅长建立人和人之间的关系，完完全全就是通过与人的沟通来充能的人格。ESFJ 们情感丰富、精力充沛，且同理心很强，很喜欢把朋友的事情当作自己的事情对待，热爱照顾他人或为朋友出谋划策，也会常常想了解朋友的行程："你今天干什么了呀""去哪儿了呢""今天过得好吗""有什么需要我帮忙的吗"……有些人可能会觉得这是过度干涉或是多管闲事，但是我们热情小金毛真的没有坏心眼呀！纯粹就是爱你的表现罢了！

想深入了解ESFJ（天使蛋）
请你跳转到112页

INFJ 神秘蛋

INFJ 是 16 型人格中最稀少的一种，是一个有神性的人格，他们很能察觉到世间的善与恶，对世间一切的苦难和善意都有很强的敏锐度，始终都怀着一颗怜悯、谦卑的心，认为众生皆苦，集理性和感性于一身。

他们大多是透着神秘感的文艺青年，看着温和好接触，待人友好且善良体贴，实际上内心有一堵透明的墙，隔着墙观察众生，对一切都很敏感。他们喜欢研究文学、哲学、电影等小众的东西，从中寻找精神世界的寄托。INFJ 几乎一生都在追求“意义”二字，是彻彻底底的理想主义和悲观主义，对于他们来说，精神世界的丰富是任何物质都比不上的。

想深入了解INFJ（神秘蛋）
请你跳转到121页

INTJ
智慧蛋

低质量社交不如高质量独处，说的就是 INTJ 本人。他们是低调的大佬，有大局观，讲求效率至上，逻辑性极强，是计划万物的“神”。主打一个做事精而专，刻在骨子里的思考和洞察力让 INTJ 很容易在事业上超越同龄人。

他们是很“独”的人格，遇到事情会更倾向于独自思考并全力以赴解决，对任何知识都充满好奇心。被称为是 16 种人格中最会规划自己的人生的，比起“P”（知觉型）人的随遇而安，INTJ 大多会把目标设立得相当长远：十几年、二十几年后的我该是什么样的呢？再倒退到现在我应该去完成些什么？

INTJ 时时刻刻都在思考，他们会为了实现长远的目标逐步地按计划行动，准备好应对日常中的变化，他们是屹立在雪山之巅特立独行的雪豹。

想深入了解INTJ（智慧蛋）
请你跳转到130页

INFP
精灵蛋

INFP 是自在翩跹的小蝴蝶，是自我精神世界的主宰。在他们的世界里，有路边的小花小草、落日时的晚风、天边的一抹云彩。他们像游走在世间的精灵，似乎能吸纳一切的小美好，能触及他人无法感知到的微妙。INFP 有一颗相当敏感的心灵，因此爱与恨、善与恶都会在内心放大，极致的情感体验总在不断交织。他们静静地坐着，其实内心已经经历过一场大风暴了。

INFP 心思很细腻，能察觉到群体间不同的氛围，因此很需要周围人对于自我的认可，虽然会躲在角落观察人们的往来——他人的一个眼神，一个动作可能就会劝退“小蝴蝶”那颗颤颤巍巍想要主动的心，但是如果有一个人把他们拉出来，给予肯定和认同，给予最好的偏爱——这对他们来说将是世界上最幸福的事情。

想深入了解INFP（精灵蛋）
请你跳转到139页

INTP
逻辑蛋

INTP 大概是 16 型人格中思维最跳跃的了，属于嘴跟不上脑子的典型人群。“话题”这种东西对他人来说，就是从一个点到另一个点的过程，而对 INTP 而言，他能将一个小小的点延伸成一张“蜘蛛网”，他们对什么方向都感兴趣，什么都想聊两句——当然，仅限和朋友之间的聊天哦。对于不太熟的人来说，INTP 就是冷漠的代名词，大脑内有着千军万马，有着宇宙多大、脑子就有多大的精神世界，他们恨不得在里头畅游三天三夜，但实际上很难和其他人表述出来。

他们对规则抱着天然的批评态度，是最渴望自由的人格之一，不自由，毋宁死！

“即使我的肉体腐朽了，精神也得自由！”

INTP 也是被称为最像小王子的人格，既纯真又温暖，可以一个人去看日出日落，可以一个人欣赏画展，自我娱乐。他们的精神世界可太丰富了。

想深入了解INTP（逻辑蛋）
请你跳转到148页

ENFJ
暖暖蛋

ENFJ 是暖心小太阳没跑了，他们富有魅力、热情坦率，拥有出色的社交能力和沟通技巧。能和各式各色的人打交道，无论去任何新环境都能过得很好的社交能手一枚。

同时 ENFJ 也是 16 型人格中道德感最强的，任何人需要帮助都会倾囊相授、拔刀相助，接受不了世间一切负面的事情，务必要将其掰回正轨。他们恨不得在自己身上挂上一个牌子：有需要，请找我！简直是 24 小时开放的“中央空调”。

同时，ENFJ 对他人也抱有很大的期待。他们在帮助别人的同时，也希望自己的想法和意见能被对方看到及采纳。只要认为是正确的，他们就愿意付出时间和精力去做，有着真善美的价值观和坚定自我的内心。

想深入了解ENFJ（暖暖蛋）
请你跳转到157页

ENTJ 霸气蛋

ENTJ 简直就是天生的领导者。有远见、行动力超强、擅长管理和领导其他人，制定长期目标并依次实现。他们善于分析问题、收集信息，并能迅速找到解决方案。他们和 ESTJ（卷卷蛋）一样，从小就是班上的课代表、模范学生，长大后也能在职场统筹管理一切。但和 ESTJ（卷卷蛋）更不同的是，ENTJ 有着相当长远的眼光，他们是最佳棋手，在心中规划好一切，总是能提前预料到一件事的所有后果并想出备用方案，保证其万无一失。虽然是“J”（判断型）人，但是他们不害怕变化，有着能直面任何巨变的勇气和决策力，简直就是天选老板。

ENTJ 从小对于和自己相关的人与事物都有着很强的掌控欲，因此无论做什么都会更偏好于担任“霸气蛋”的位置，制订计划和分配任务对于他们来说是信手拈来的事情，而 ENTJ 强大的气场、充满逻辑的表达力也很容易吸引到信服他们的人。

“你不用动，人群自会朝你走来。”

想深入了解ENTJ（霸气蛋）

请你跳转到166页

ENFP
活力蛋

ENFP 总是被称为“快乐小狗”“朋友圈中的开心果”。他们看着永远活力满满，愿意将最温暖的光芒照耀他人，情绪感知力强，能在敏锐察觉到他人情绪的同时给予对方关怀。但是对于自己的情绪则采取自给自足式修复，即使深夜 EMO（网络用词，指悲伤、难过、焦虑等负面情绪），天一亮还是那个开开心心的“小太阳”，忘性很大，独自舔舐伤口也是他们的常态。

他们擅长给别人带来快乐，但不代表他们永远是快乐的。ENFP 很多时候外露的热情、阳光、不喜欢冲突都是一种自我保护机制，这是他们观察人类后给自己套上的一层保护壳。他们对所有人都保持积极的态度，但并不代表可以被随意伤害。

“快乐小狗”也有着相当柔软的肚皮，只愿意给喜欢的人摸摸哦。

想深入了解ENFP（活力蛋）
请你跳转到175页

ENTP
辩论蛋

他们虽然是“E”（外向型）人，但似乎是“E”人中最“I”（内向型）的那一类，虽然能在社交场合游刃有余，但是私底下也喜欢一个人静静待着，独处也不觉得孤单。

脑洞大到宇宙都装不下他们的想法，思维极其跳跃，最可怕的是他们的语言表达能力也很强悍，最擅长的事情就是分析你的话语中的漏洞，并且能在极短的时间厘清思路，成功反驳你——“我不是在批评你，只是在告诉你，你的逻辑有问题。”

用“辩论蛋”来形容他们简直再合适不过了。外表看起来活跃又乐观，实则相当谨慎，用笑容掩饰他们暗中观察每一个人的举动。不需要过多相处，只要见上几面，ENTP 大致就能了解到对方是什么样的人，识人能力超群。

他们脑子里总有各种天马行空的创意和想法，兴趣面很广，无论什么类型都能涉及一二，因此和他们聊天的人总会感慨：“你知道的好多啊。”

想深入了解ENTP（辩论蛋）
请你跳转到184页

解忧“咨询室”

CHAPTER 2

ISFP

艺术蛋

可爱猫猫

小确幸

自由最重要

“和平鸽”本“鸽”

床是本体

浪漫不死

个人主义

别吵架，有话好好说！

温和

佛系人生

树懒家族

艺术细胞

好说话

遇事不决，先睡一觉

“I”中最“E”

关键词

蛋仔咨询室
CONSULTING ROOM

1 在生活、工作、学习中总是不知道该如何拒绝他人的请求，我该怎么办呢?

2 想出门社交，但又想待在家里，所以经常陷入纠结中，该如何平衡社交和独处的时间呢?

3 遇到喜欢的人但不知道如何接近对方，我该怎么做呢?

4 无论什么事不拖到最后一刻绝不行动，作为“拖延症王者”的我该如何自救呀?

5 我适合与什么样的人恋爱呢?

6 我和其他人格相处得如何呢?

走进 ISFP 的世界

内向 · 实感 · 情感 · 知觉

作为乐观家族“SP 人格”中最温和的一员，懒洋洋的他们也有喜欢探险的一面，看着温和，其实好奇心很重，虽然总是被动社交但也很能打开话题，被称为“I”中最“E”的就是可爱的你们了。对于 ISFP 来说，和朋友开开心心地出门当然很好，若是朋友临时有事，无法赴约，也会在心中窃喜——耶，一个人独处也能很舒服！

ISFP 并不是自我主见很强的类型，喜欢自然而然地活着。因为懂得世界不会围着自己转，所以接受社会的规则，并以包容随和的心态去看待万事万物，是欲求很低的小猫一只，很容易感到幸福并满足，无论是看动漫还是购物，躺在床上还是出门玩，都能全盘接受。

他们对于现实世界一切美的创造都有浓厚的兴趣，被公认是 16 型人格中最有艺术天赋的人格，他们就像童话世界的小兔子，内心的世界丰富又多彩，可以一头扎进山川湖海，也可以四处观赏画展、摄影展。他们吸纳艺术，擅长通过艺术来传达内在的情感，擅长通过各种艺术形式来表达自己的观点、价值观和体验，ISFP 是天生的“美的使者”。

1 在生活 / 工作 / 学习中总是不知道该如何拒绝他人的请求，我该怎么办呢？

面对他人的时候，有一颗柔软心灵的你总是在包容着对方，一次次将自己的底线拉低，直到忍了又忍才会选择远离。

在照顾他人情绪的时候，别忘了，你是自我世界的中心，不想做的事、不想去的地方可以勇敢拒绝，学会说“不”，并在需要时设定个人边界，将自己放在第一位。

实在不知道怎么拒绝，试试用“三明治拒绝法”：表示感谢 + 拒绝的理由 + 表达遗憾或约定下次。

例如有社交活动，但你此刻更想在家里休息，可以告诉对方：我很开心你来约我（表示感谢）！但是我现在有些累了想在家休息休息（拒绝的理由），过两天（或其它具体时间）我们可以再出来玩呀（约定下次）。

2

想出门社交，但又想待在家里，所以经常陷入纠结中，该如何平衡社交和独处的时间呢？

和 ESFP（社交蛋）相似的是，你的内心隐隐希望大家能多多关注自己。即使接到邀约的那一刻会嫌麻烦，但是又矛盾地希望朋友能经常约你出来玩。内心暗暗敏感着，希望大家不要忽略你，但又很难将自己的敏感点告诉他人，于是自己独自隐藏着。

作为需要独立空间的“I”人，最重要的事情就是关注自己需求和感受，给自己充足的个人空间和时间，以便重新充电和恢复精力。所以，了解自己何时需要独处和休息，何时需要和与他人互动是很重要的。想独处和休息时别逞强去社交，勇敢拒绝。

遇到想和朋友出门玩，但没有过多精力的时候，可以选择安排在家附近的地方约会，悠悠闲闲地度过一天。

因为是你，所以无论是独自享受一个人的空间，还是和心意相通的朋友共同度过两个人的时光，都能感到充分的幸福。

3 遇到喜欢的人但不知道如何接近对方，我该怎么做呢？

别担心，你的友善是最有效的“温柔利器”，勇敢迈出第一步，先尝试找到一个舒适的环境，共同的兴趣小组或者朋友聚会都可以，向对方展示你的友好与真诚。

在交流时，倾听和共情是你们的长处，多理解对方的观点并表示兴趣和关注。尝试在细节方面上给予对方真诚的赞美，例如对方的衣着、发型或者兴趣爱好等等。随后逐步展开一对一的社交活动，主动邀约，在约会中互相分享各自的喜好和日常生活。

虽然你不是社交场合中最活跃最突出的那一个，但近距离接触后就会发现，你的敏感、温柔、共情力都是独特的魅力所在。越了解你的人越能发现你的专属独特魅力。与能够欣赏和理解你的人分享你的想法、梦想和情感，找到那些能够与你共同成长和建立深度连接的人吧！

4 无论什么事不拖到最后一刻绝不行动，作为“拖延症王者”的我该如何自救呀？

你是温和的享乐主义者，不太喜欢规划未来，也不喜欢制订当前的计划，面对工作、学习中的过度压力也条件反射性的想逃避，只想缩回自己的小窝。想要改掉“拖延症晚期”的习惯，就得跟着蛋仔行动起来哦。

首先，找到干扰自己行动的源头。可能是因为当前环境让你不适，或许是有趣的综艺、小说让你分神，也可能是熬夜的习惯导致第二天睡眠不足、精神不佳。

在找到原因后马上开始行动！从一小步开始，收拾自己的书桌、关掉电视、关上手机、定一个早起的闹钟。坐在书桌前，只要开始认真完成十分钟，你就会渐入佳境，马上就能享受到自律的美好了！

最重要的是，不要习惯性地逃避，在遇到需要完成的任务时，尝试划分好时间点，将大块的任务划分成一小块一小块的“子任务”，再挨个攻克就简单多啦。

其实，在有紧急任务但还是想要拖延的时候，也不要对自己过于苛责，以免陷入焦虑中。也可以尝试和朋友多沟通，通过他人的催促来提升自己的行动力！

5 我适合与什么样的人恋爱呢？

作为最喜欢和谐气氛的“和平鸽”本“鸽”，你们很讨厌在亲密关系中被控制管束，也不喜欢打着“为你好”名头的控制狂。建议选择和你们同样平和友善的另一半，能带来轻松有趣氛围的同时不能“只说不做”，要用实际行动陪伴你，能察觉到你们的情绪并进行安抚。

ENFJ（暖暖蛋）就是一个很合适的选择，他们热情并且共情力极强，能创造良好氛围的同时，也能理解你的情感需求，能为你提供源源不断的情感支持。并且，ENFJ 温暖外壳下也很有个人主见，擅长规划事务，刚好可以为懒得动脑子的你安排好一切啦。

ESFJ（天使蛋）和你的适配度也很不错，他们不喜欢冲突且很热衷照顾他人，像“鸡妈妈”一样极其护短，责任感强，忠诚且注重细节，能为恋人提供独一无二的安全感和稳定感，并且很尊重他人，能理解你需要独立空间和追求个人兴趣爱好的一面。

与你相似的 ISTP（自由蛋）也是恋人的好选择，你们都很需要个人空间，对于个人隐私都保护得很好。同时也喜欢尝试新鲜刺激事物及活动，适合分享你们共同的兴趣爱好。ISTP 坦率的性格是你们所喜欢的，在一起也能玩得很开心。

6

我和其他人格相处得如何呢?

ISFP × ISTP（**自由蛋**） 尊重和自由，相互吸引。

ISFP × ESFP（**社交蛋**） 一起嗨皮，“我带你玩”。

ISFP × ESTP（**潇洒蛋**） 跟不上节奏，默契一般。

ISFP × ISTJ（**模范蛋**） 需要磨合，再接再厉。

ISFP × ESTJ（**卷卷蛋**） 不同但互补，“我来温暖你”。

ISFP × ESFJ（**天使蛋**） 安全感，“喜欢你，没道理”。

ISFP × INFJ（**神秘蛋**） 温暖贴贴，相互依偎。

ISFP × ENFJ（**暖暖蛋**） 暖心又暖胃，完美伴侣。

ISFP × INFP（**精灵蛋**） 温馨治愈，“一起贴贴”。

ISFP × ENFP（**活力蛋**） 快乐搭档，一起玩吧。

ISFP × INTP（**逻辑蛋**） 互补且温暖，沟通最重要。

ISFP × ENTP（**辩论蛋**） 相斥相吸，玩得不错。

ISFP × ISFJ（**守护蛋**） 甜蜜氛围，体贴和照顾。

ISFP × ENTJ（**霸气蛋**） 为你计划一切，“你好冷漠”。

ISFP × INTJ（**智慧蛋**） 思想碰撞，高度默契。

ISTP
自由蛋

隐藏的狼

共情是什么

关我什么事

逻辑至上

暗中观察人类

表里如一

动嘴不如动手

冷漠是常态

怕麻烦

独立

洒脱人生

酷哥酷姐

沉默是金

拖延症患者

关键词

蛋仔咨询室

CONSULTING ROOM

1 身边的人向我倾诉时，我总是不知道该如何安慰对方，该怎么办?

2 家人、亲戚们说我过于沉默，什么话都不说，但是我内心是渴望爱的，该如何调解?

3 感兴趣的事情很多且追求完美，导致很容易半途而废，我该怎么调整呢?

4 非常厌恶别人干涉自己，如果父母、老师、领导一催促就容易干脆放弃，该如何解决?

5 朋友圈比较窄，也只愿意和固定的几个人玩，这样的我该怎么交到新朋友呢?

6 我和其他人格相处得如何呢?

CONSULTING ROOM CONSULTING ROOM

走进 ISTP 的世界

内向·实感·逻辑·知觉

ISTP 是废话不多说，直接干的典型酷哥酷姐们。

但真正走入你们的内心，就会发现 ISTP 并不冷漠，只是边界感强加上不愿意去解释心中认为无用的事情，你们大概是最懂如何省时省力的人格了。共情力是 ISTP 的劣势功能，这也导致了你们处事更理性且以逻辑为中心，很难表达自己的真实情感，虽然不会说甜言蜜语，但是相当的实干，以实际行动默默照顾身边人的傲娇“电钻哥”一枚哦！

同时，ISTP 也是相当直率和洒脱的人，无论是自嘲还是嘲讽他人都信手拈来，用冷淡的语气说着让其他人爆笑的话也是另一种反转魅力呢。

ISTP 无法接受被规则或者集体所束缚，不能按照自己的想法做事、失去自由，大概会是你们最痛苦的事情。

虽然看着好像冷漠又神秘，酷酷地站着，似乎心中思绪万千，但你们内心很有可能什么都没想。

ISTP 是看起来很酷，实际上也很酷的人格。

1 身边的人向我倾诉时，我总是不知道该如何安慰对方，该怎么办？

一个很有趣的分辨“T”（逻辑）人和“F”（情感）人的测试题：将自己的悲伤告诉亲人、好友，悲伤会分为两半还是会变成两个同样悲伤的人？

你是绝对会选择“变成两个悲伤的人”这一选项的人，即使是面对身边最亲密的友人、家人、爱人，你们也不太会主动分享自己的情绪和困扰，与其说是不够信任对方，不如说是不愿给他人带来同样的困扰。同样的，因为过于注重边界感和隐私，所以 ISTP 很多时候会把自己的心藏起来，面对朋友的倾诉也有些难以共情。

无法说出来的话，可以试试用文字来表达吧？

在朋友向你抱怨或倾诉的时候，尽量少去评判这件事的对错，多去给予情感上的安慰和理解。很多时候他们只是需要理解和释放，倾听很重要，适度地表示关心和陪伴就可以啦，等朋友情绪稳定后再尝试说出一些可以解决问题的方案。

不用对这件事太有心理压力，每个人有表达自己关心的方式，对于爱你的人来说，通过行动来表现出关心和爱的你也很有魅力。

2 家人、亲戚们说我过于沉默什么话都不说，但是我内心是渴望爱的，该如何调解？

作为理性和逻辑驱动的个体，ISTP 的你往往倾向于内敛和保守，不太擅长表达情感。这就导致你有时候会难以与他人建立深入的情感联系。

在你看来，无论是父母，还是朋友、恋人，都需要给予你一定自由度和灵活性，尊重你的独立思考和决策的能力，这会让你更舒适。但有些时候你也会怀疑自我："我是不是太冷漠了？"

其实不是的！你只是在表达情感方面有些许困难罢了。能意识到这一点的你已经很棒了。

如果想改善的话，可以先尝试与亲密的朋友或家人进行沟通练习，先从分享近期的生活、内心的感想开始，多关心他们的日常并增加沟通的频率，逐步产生情感连接。

当然了，可以分享的一定得是支持和理解你的人，你需要建立互信的关系，让自己感到安全，这样才可以更自由地表达内心的感受和需求。可以试试寻找和自己性格不太相似的朋友，温柔而直率的人是你的首选，在对方的情绪带动下，你也会慢慢被点燃的。

3 感兴趣的事情很多且追求完美，导致很容易半途而废，我该怎么调整呢？

ISTP 生来就是喜欢挑战，喜欢新鲜事物的人格。你像在丛林中不断冒险的小小艺术蛋一样，现实世界的很多事情能引起你的兴趣。

“欸，手账胶带好漂亮，那我要不要开始做手账呢”“会说其他语言的人好酷，我也想学一门外语”“小提琴好优雅呀，要不要试试学小提琴呢”……

花花世界迷人眼，但是一旦开始尝试，你只想做到最好，就连手账本有一个错别字也想立马撕掉重来。这就导致事情是开始尝试了，但只要有一点缺陷就会让你产生很强的挫败感，也就不愿再继续下去。东一榔头，西一棒槌的结果，会让你开始质疑自我。

追求完美当然没有问题，但是！不完美才是常态嘛。如果拿完美来要求所有事物，那大部分事物都很难完成。认识到这一点后，你在之后的行动中试试运用“打分制”——不要一百分，在及格线以上就很不错了。每天为自己尝试的事物打分，只要及格，就再接再厉进行下去。

今天尝试写手账吧，就算没有什么大事件，也可以把生活中的小感悟写上，把路边看到的云彩写上。专注做一件事的时候，是你最有魅力的瞬间！

拿起手上那把“电钻”，用行动会消灭一切消极情绪。

4 非常厌恶别人干涉自己，如果父母 / 老师 / 领导一催促就容易干脆放弃，该如何解决？

你知道吗？你是 16 型人格中最独立的那一个，需要高度自由，相当厌恶被规则束缚，不愿意做的事是绝不会去做，能做好的事就按我的习惯来，因此被限制的时候，会觉得他人的规训就像大山压在头上，这时很容易会过度焦虑。过度焦虑带来的结果就是直接放弃——“那我就什么也不干好了”。但随之而来的“DDL”（Deadline 的缩写，即截止期限）该怎么办呢？只能引发更严重的焦虑。

想要解决，可以动动你聪明又理性的大脑，别被一时的消极情绪蒙蔽了。如果对方是可以沟通的，建议先确立个人的边界，明确表达自己希望独立处理的事情和决策，清晰地表明自己需要空间和独立。另外解决对方的焦虑，告知他，你能够在截止日期前完成，不需要额外的干涉和催促。

其次试图站在对方的立场上思考，他们提出来的意见是否也有可以参考和学习的地方呢，有疑问就尽管提出来，有沟通的余地就多多表达。知道你很独立很强，但是！和他人的合作和妥协也是日常中必然存在的。

最后，这么会观察别人的你，可以试试观察自我，当你在听到对方的干涉时有何心理感受？为什么会感到难受？为什么会焦虑从而产生逃避的想法？脱离自身的情绪，用笔记录下来，寻找触发这种行为的原因，你会发现自身也未曾了解到的一面哦。意识到了之后，相信情绪也不过是你的掌中之物！

5 朋友圈比较窄，也只愿意和固定的几个人玩，这样的我该怎么交到新朋友呢？

对于 ISTP 来说，能真正走入你们心中是一件很难的事情。有的人可以一起吃喝玩乐，但是涉及精神世界，你们绝对是相当挑剔的人，在交友方面倾向于选择细水长流类型的朋友，长久的陪伴，逐步在你的心中占据位置的朋友是最好的。因为戒备心强、注重隐私，且基本上不太关心他人的事情，所以你的交友圈相当固定。宁愿选择孤独，也不愿意在人群中迎合其他人的情绪。

这当然很酷，但是有些时候，也会需要能分享兴趣爱好的朋友呀。

你是相当聪明又具备生活常识和实际技能的人，可以找到与自己兴趣相关的社群活动或兴趣团体，并积极参与其中。通过主动提供帮助和支持他人，建立起互相信任和友好的关系。主动一些其实也不赖。

朋友宜精不宜多，真诚且说话、做事不兜圈子的人是你的首选，若是有直率且比你们更主动的朋友，那当然就更好啦。

6

我和其他人格相处得如何呢？

- ISTP × ISFP（**艺术蛋**） 尊重和自由，相互吸引。
- ISTP × ESFP（**社交蛋**） 随性二人组，玩乐最重要。
- ISTP × ESTP（**潇洒蛋**） 无内耗二人组，亦敌亦友。
- ISTP × ISTJ（**模范蛋**） 亲密挚友，天生一对。
- ISTP × ESTJ（**卷卷蛋**） 说走就走，天长地久。
- ISTP × ESFJ（**天使蛋**） 完美配对，互补又贴心。
- ISTP × INFJ（**神秘蛋**） 不太同频，敏感遇上钝感。
- ISTP × ENFJ（**暖暖蛋**） 爱恨情仇，相处有点难。
- ISTP × INFP（**精灵蛋**） 慢慢磨合，天差地别。
- ISTP × ENFP（**活力蛋**） 互补但有趣，一起快乐。
- ISTP × INTP（**逻辑蛋**） 另一个我，默契最重要。
- ISTP × ENTP（**辩论蛋**） 理性又疯狂，相互理解。
- ISTP × ISFJ（**守护蛋**） 灵魂伴侣，舒心又幸福。
- ISTP × ENTJ（**霸气蛋**） 互相吸引，爱很奇妙。
- ISTP × INTJ（**智慧蛋**） 理性伴侣，自由如风。

ESFP

社交蛋

嘴甜宝

人群中最闪耀的那颗星

审美在线

小太阳

活在当下

需要被关注

今朝有酒今朝醉

穿搭迷人

开屏孔雀

外热内也热

充实的日常

主打随机应变

虽然是“E”人，但是很敏感

社交必备气氛组

关键词

蛋仔咨询室
CONSULTING ROOM

1. 大家都说我很外向，但其实我很在意他人的评价，因此情绪总是起起落落，该如何调整呢？
2. 喜欢刺激的人生，所以经常会觉得现在的生活无聊、平淡，该怎么调整呢？
3. 学习时经常注意力不集中，做什么都容易跑偏，该如何提高注意力呢？
4. 家人老是说我只顾当前的快乐，缺乏长期人生规划，可规划该怎么制定呢？
5. 什么样的环境会让我更舒服呢？
6. 我和其他人格相处得如何呢？

走进 ESFP 的世界

外向·实感·情感·知觉

ESFP 是相当外向、充满活力和热情的人，很会带动气氛，也常常成为社交活动的焦点。他们不仅擅长表达自己，也愿意去倾听别人的故事和感受，关注身边人的需求。能够随机应变的他们具有超强的适应能力，面对不同的社交场景和人群都能够快速加入，并调整自己的行为方式以融入氛围。

ESFP 也是活在当下的典型代表，情绪充沛且随遇而安，在他们的世界里，全是新鲜又好玩的事物，很擅长发现实际生活中的乐趣并随之付出行动。ESFP 就像沙滩上捡贝壳的孩子，呼朋唤友地告诉大家：这枚贝壳好看，那枚也好有趣呀。本来只想收藏一枚，既然如此就多捡点吧。对了，那边的落日好美呀，我们去看夕阳怎么样！在路上可以顺便买朵路边小摊的棉花糖，彩色的一看就很好吃！

和“开心果”ENFP（活力蛋）不同的是，他们更聚焦于现实世界的美好，发现美的眼睛，说的大概就是 ESFP 的眼睛吧。

1 大家都说我很会社交，但其实我很在意他人的评价，因此情绪总是起起落落，该如何调整呢？

你知道吗？ ESFP 是最容易出明星的人格，你们不仅精力充沛、热情活泼，还相当爱美、爱生活，格外有创造力，似乎自带闪耀的能量磁场，擅长激发和传播快乐，总能让周围的人感到愉悦和舒适。

喜欢打扮得漂亮、闪闪发光的自己，也容易成为人群中的焦点，这样完美的你，还相当能共情他人，能敏感地发现周围人的情绪变化并愿意提供情绪价值，真的很讨人喜欢。但是，任何事物或者人都不可能让所有人满意的。

不需要去在意和你没那么亲近的人的想法，把自己想象成 C 位出道的明星，就算有人不喜欢又怎么样？还是有大把的人爱着你呀，因为你是如此值得人爱。

即使偶尔产生焦虑也不要自我怀疑，可以先适当地远离多人社交的环境，给自己一些空间，专注于自我关爱。去享受一个热水澡，阅读一本书籍，沐浴在音乐中，去接触大自然，在旅途中放松自我，去寻找让你感觉平静和放松的方式。

与此同时，和你最亲密的人分享感受。与家人、朋友或伴侣开诚布公地释放你的情绪和需求，放下自我批评和过度挑剔，赋予自己宽容和接纳，他们会愿意倾听的，会给予你支持和理解。别害怕向别人寻求帮助，因为你不必独自承担压力和困扰。

2 喜欢刺激的人生，所以经常会觉得现在的生活无聊、平淡，该怎么解决呢?

对你来说，人生就像游乐场。新鲜刺激才是最重要的。

在感到无聊的时候，可以尝试去从未去过的地方旅行，在社交平台发布一篇旅游攻略；也可以品尝一家从未吃过的店铺，给它写篇评价；或者走一条未曾走过的小路，观察路边的有趣之处。

同时，也要发挥你的创意天赋哦，可以试试将自己满腔的灵感和热情灌注到艺术上，把大脑中活蹦乱跳的想法表达出来。你是热爱生活的人，总能发现生活中美好的点，无论是写写小说，还是尝试画漫画，或者练练自己的歌喉。只要先踏出一步，将脑海中的想法付之行动，就能收获不一样的快乐。

身体和灵魂，总得有一个走在路上。

3 学习时经常注意力不集中，做什么都容易跑偏，该如何提高注意力呢？

ESFP 是一群天马行空的人，喜欢新鲜刺激的体验，很容易厌倦重复或单调的任务。这也就导致了你们容易注意力不集中，需要持续的刺激，所以你们会自主寻找更有趣的事物和话题——“这枚贝壳好看，那枚也不错呀……不对，下个地方会更有趣”。

想要提高注意力，首先得把你手边爱玩的东西统统收起来，创造一个有利于集中注意力的环境，否则没过一会儿心思就飘到旁边的电视或游戏机上了。

另外，给自己制定一个完成任务后的奖励。这个奖励可以是一直想去但没有去的游乐场，也可以是一场朋友间的聚会。激励自我——只要顺利完成任务，就能出去玩了，马上奋笔疾书开冲！

在学习途中可以使用“番茄钟工作法”：划分时间，明确哪些时间该做哪些事情。如果是过于繁杂的任务，也可以将任务分成几小部分，每完成一步，就可以获得一个小奖励。

克服三分钟热度，你的美丽人生将会增添更丰富的色彩哦。

4 家人老是说我只顾当前的快乐，缺乏长期人生规划，可规划该怎么制定呢？

ESFP 是纯粹的享乐主义者，有这么多好玩的，为什么要去想未来的事呢？但好像同龄的朋友们都会去思考和规划未来的目标。既然如此，可以先试着给自己提出几个问题：

“我最害怕迎接什么样的未来呢？具体是为什么？”

“我最喜欢获得什么样的夸赞？”

“我现在喜欢的事对我的未来有什么帮助吗？”

“如果我尝试努力改掉一些坏习惯（例如：熬夜、过度消费、时时刻刻想出去玩），我会得到些什么？”

解答所有的问题后，再去思考——你想要怎样的未来。

为了那个未来去努力，并倒推到你现在该去做什么，制订计划实现这些目标，会获得不一样的人生体验哦，毕竟，你就是站在世界中心的人嘛。

5

什么样的环境会让我更舒服呢？

ESFP 的舒适圈是离不开人与人之间的社交的，你们热爱与人交往，喜欢展现自己的才华和个性，喜欢参与不同的社交活动，和亲友一起参与有新意的娱乐项目，和他人交流并产生联系，能让你补充能量并不断进步。

同时爱和夸赞也很重要。喜欢表达爱与关怀，愿意为他人提供支持的你，也很需要得到对方的认可和支持。因此，在一个有温暖和支持的环境中，会更让你们感到舒适和满足。

其次，你们很容易在舞台上感到自在和愉悦。这个舞台不一定真的是表演舞台，也可以是朋友间的焦点、各个领域的中心人物，或者是在艺术和创造性领域中展现自我。能获得观众的掌声，就是对你们来说最幸福舒适的环境了。

6 我和其他人格相处得如何呢?

- ESFP×ISFP(**艺术蛋**) 一起开心，“我带你玩”。
- ESFP×ISTP(**自由蛋**) 随性二人组,玩乐最重要。
- ESFP×ESTP(**潇洒蛋**) 说走就走，快乐最重要。
- ESFP×ISTJ(**模范蛋**) 你侬我侬，相互牵制。
- ESFP×ESTJ(**卷卷蛋**) 乐观热情，理性和感性。
- ESFP×ESFJ(**天使蛋**) 热情浪漫二人组，共情第一。
- ESFP×INFJ(**神秘蛋**) 差异明显，各玩各的。
- ESFP×ENFJ(**暖暖蛋**) 浪漫和温柔的碰撞，甜甜蜜蜜。
- ESFP×INFP(**精灵蛋**) 互相贴贴，互补但喜欢。
- ESFP×ENFP(**活力蛋**) 活力四射，情感共鸣。
- ESFP×INTP(**逻辑蛋**) 欢喜冤家，爱恨纠葛。
- ESFP×ENTP(**辩论蛋**) 相爱相杀，情绪起伏。
- ESFP×ISFJ(**守护蛋**) 温馨浪漫，安全感满满。
- ESFP×ENTJ(**霸气蛋**) 实用主义联盟，理性又热情。
- ESFP×INTJ(**智慧蛋**) 相爱相杀，天差地别。

ESTP

潇洒蛋

内耗是什么东西

活在当下

讲义气

竞争大赛冠军

运动细胞

冷笑话第一人

战士

实用主义者

潇洒如风

快乐最重要

外热内冷

超强行动派

危险又迷人的反派角色

关键词

蛋仔咨询室
CONSULTING ROOM

1. 很喜欢和朋友们在一起，如果长时间待在家里就会觉得很无聊不知道该做什么，为什么会这样呢？
2. 有时候朋友觉得我说话太直接，偶尔会让他人受伤，这是我的问题吗？
3. 有时候面对事情会过于冲动，过段时间想起来又隐隐后悔了，该如何调整？
4. 从事什么工作能让我更快乐？
5. 做很多重复而且繁琐的小事真的很痛苦，该怎么办？
6. 我和其他人格相处得如何呢？

CONSULTING ROOM CONSULTING ROOM

走进 ESTP 的世界

外向 · 实感 · 逻辑 · 知觉

ESTP 是 16 型人格中内耗最少、最活在当下的人格，就像身边那些风风火火的同学，相当地自来熟，说话节奏也很快，永远在人群里谈笑风生，似乎总有好玩的地方和大家分享，总能带着新鲜点子打开话题。朋友遍布五湖四海，总能看到 ESTP 和不同的人称兄道弟，在社交场合游刃有余。他们不喜欢压抑的氛围，一旦开始产生紧张的人际关系，就会条件反射地逃离。拜拜就拜拜，下一个更乖。来去如风，而且这股风还是热乎乎的。

当然啦，即使和他们玩得很开心，也不一定会被他们放在心上，简直就是危险又迷人的魅力反派代表！

洒脱、自由，就是 ESTP 的代名词。

1 很喜欢和朋友们在一起，如果长时间待在家里就会觉得很无聊不知道该做什么，为什么会这样呢？

ESTP 是最会享受生活的人格！你们在社交上真的相当活跃，更喜欢参加线下的各种活动，而不是通过线上沟通，这也就是为什么讨论 MBTI 时，你们总是出现得最少，因为你们都出门玩去啦。

你们好奇心强烈，喜欢直接的刺激，美食、美景更能吸引到你们，现实中的享受最能刺激你的大脑。

但是结束玩乐后的感受，就像刚听完一场演唱会回到家一样，想要大脑持续分泌更多的多巴胺，却很难找到输出的方式，这该如何缓解呢?

除了寻找更有趣的事物填满空虚，也可以好好享受高质量的独处哦。

可以试试去阅读一本早已加入书单的小说，可以尝试做些有趣的手工，或是独自一人在家看一场电影，甚至只是发呆也很好。留一些自己的时间，在独处中接纳自我，将曾经想过却没有做过的事情一一实现，你会发现，玩的时候很幸福，回到家，有自己的事情做也会很好。

2 有时候朋友觉得我说话太直接，偶尔会让他人受伤。这是我的问题吗？

ESTP 是理性的代表人格，看似玩世不恭其实脑子相当清楚。喜欢分析事物、逻辑至上，在表达自己的观点时也很直接。因此交流时，有时可能让他人感到受伤或被冒犯。

这并不一定是你个人的问题。每个人格有自己的交流偏好，你的朋友可能更喜欢委婉且带有情绪安慰的回应，更注重维护和谐的人际关系。而你是实事求是的性格，倾向于直接和实际的交流方式，有什么就说什么，不太会过度表达情感，这就导致了有时候你认为只是在为朋友理性分析，对方却感觉很受伤。

既然认识到了这一点，那你在和朋友沟通的时候，可以尝试尽量多倾听，不要急着去表达自己的想法，一些“我觉得不对”“不是这样的”这类强硬的话要少说，遇到不太认同对方的时候，可以委婉提出：“你说得有道理呀，但是我觉得这样会不会更好呢？”

沟通时，少用肯定句，多用疑问句，会让你变得更柔和哦。

3 有时候面对事情会过于冲动，过段时间想起来又隐隐后悔了，该如何调整？

总有人将“勇士”的名头按在 ESTP 身上，比起 ISTP（自由蛋）的谨慎，你多了几分外露的勇气。你总是能将他人抛在身后，说话、做事也快人一步。虽然 ESTP 是很少为自己做的决定后悔的。但是有些时候，多考虑考虑再说出口或行动会不会更好呢？

意识到这一层面的你们，可以培养一下自我情绪的管理能力。在“上头”的时候，人很容易被情绪完全掌控，等之后恢复理智时才会开始后悔。当你意识到自己开始“上头”后，先闭上嘴，不要立刻说话，并在心里默念数字，从一数到十，给自己一些恢复理智的时间并避免在这期间冲动行事。

随后试试转移自己的注意力，问问自己：这件事是不是有另一面？这个人和我想象的会不会不一样？当你开始思考分析的时候，你的理智就会慢慢回归了。

相信能管理好情绪的你，是无敌的。

4

从事什么工作会让我更快乐？

ESTP 是最喜欢新鲜和刺激的人格了，谨慎、稳定、守旧、犹豫等统统是你的反义词。你的人生就像身处旷野一样，随机应变是你的强项，前方有更有趣的挑战是人生最快乐的事情了。

因此，你很适合有挑战性的工作，例如户外运动的教练、金融市场的操盘手……只要不是一成不变的模版式工作就好，面对自己可以顺利“驯服”的未知，会让你充满自豪和满足感。

另外，ESTP 的“E”（外向）值很突出，和不同的人沟通都能顺畅无阻。所以，不少 ESTP 都是优秀开拓者和创业者，既愿意“探险”、开拓未知，面对危机和变化又能随机应变。

人生嘛，最有意思的就是变化。

5 做很多重复而且繁琐的小事真的很痛苦，该怎么办？

作为一个时刻需要刺激和新鲜感的 ESTP，面对各种繁琐且重复的工作真的很头疼！你们更适合去做一些需要开动大脑、充满创意的任务，这能不断激起你们的探索欲。

就像做题的时候，如果来来回回围着一个点出题，题目做来做去都差不多，你们是很容易厌倦的。但在这时，如果出现了一些更复杂、从未见过的题目，你们才会耳目一新，心想：有点意思，看我不把你拿下！

“挑战”这两个字似乎是刻在你们 DNA 里的。你们天然会对一些从未体会过的事物更感兴趣。但是，人生大部分都是由一件件重复的小事堆积而成的嘛，在追求新鲜的同时也别忘了去做好这一件件的小事哇。

可以试试多对自己进行奖励。告诉自己，等做完这些事，我要去大玩一番。把普通的小事当作游戏中的一个个小怪兽，打败怪兽到达终点，就能开启“宝藏”！

同时，多将注意力转回自己身上。外界的世界再好玩，也要多关注自己的内心世界。把对探索世界、人际交往的热情转入到对自身的探索上，你会发现，自己才是最有趣的挑战。

6

我和其他人格相处得如何呢?

ESTP × ISFP（**艺术蛋**） 跟不上节奏，默契一般。

ESTP × ESFP（**社交蛋**） 说走就走，快乐最重要。

ESTP × ISTP（**自由蛋**） 无内耗二人组，亦敌亦友。

ESTP × ISTJ（**模范蛋**） 超强吸引力，互补且激烈。

ESTP × ESTJ（**卷卷蛋**） 行动第一，强强结合。

ESTP × ESFJ（**天使蛋**） 激情和火花，温暖与乐趣。

ESTP × INFJ（**神秘蛋**） 相互吸引，世界观不同。

ESTP × ENFJ（**暖暖蛋**） 亦敌亦友，需要磨合。

ESTP × INFP（**精灵蛋**） 相互吸引，治愈救赎。

ESTP × ENFP（**活力蛋**） 新鲜感第一，一起挑战。

ESTP × INTP（**逻辑蛋**） 天差地别，尊重差异。

ESTP × ENTP（**辩论蛋**） 社交二人组，十分默契。

ESTP × ISFJ（**守护蛋**） 互补伴侣，内外搭配。

ESTP × ENTJ（**霸气蛋**） 强强联手，一山不容二虎。

ESTP × INTJ（**智慧蛋**） 相似又不同，奇妙吸引力。

ISTJ

模范蛋

学霸

自我要求高

精英人士

坚实后盾

完美主义

工作狂人

现实主义者

稳扎稳打

边界感

卷王

逻辑我最强

别人家的孩子

现实主义者

靠着计划生存

向往强者

人间刻度尺

可靠

秩序稳定

关键词

蛋仔咨询室
CONSULTING ROOM

1 不喜欢生活中的变化，希望什么事都按照我理想的轨迹行动，这样的我有问题吗？

2 朋友说我好像不是很懂人情世故，话也说得没那么好听，我该如何改变？

3 过于完美主义，想什么都做好但又很担心有失误，该怎么办呢？

4 很难对生活中其他人共情，我这样不对吗？

5 不喜欢放鸽子或者做事拖拖拉拉、老是需要我等的朋友，我有错吗？

6 我和其他人格相处得如何呢？

走进 ISTJ 的世界

内向 · 实感 · 逻辑 · 判断

极度擅长时间管理的 ISTJ，是连出门买个饭都会先在脑子里计划好最佳路径的人。而且，买饭还只会买那家最熟悉的店铺。对他们来说，最舒服的事情莫过于制订计划且完美地执行每一条！所以，和 ISTJ 做朋友真的很幸福！他们热衷规划出游的日程安排，且相当守约守时，诚实且有责任感。但是，如果遇到朋友突然打乱计划或者临出门前取消约会，真的会很让 ISTJ 火大的！

ISTJ 的核心需求就是秩序。秩序稳定是心中的一切。被称为“机器人”的他们似乎很难主动去尝试新鲜事物，最信赖的当然是自己亲身经历过的啦——“嗯嗯，这家店的味道好像家里做的，那以后都吃这家吧”“这个地方之前和好朋友来过，好喜欢这里，以后多来逛逛”。

因为害怕失误，所以性格里有相当完美主义的一面，卷王舍他们其谁！

1 不喜欢生活中的变化，希望什么事都按照我理想的轨迹行动，这样的我有问题吗？

你是一切规范行为的执行者。务实、负责，最喜欢的莫过于有一套标准的行为流程，按部就班地生活下去。这也是为什么说 ISTJ 是最适合从事行政工作的人格，你喜欢重复，高度重复的工作及生活是你最满意的，在重复中觉得稳定、踏实、有安全感，你也很容易在过程中将工作做得完美。

不喜欢变化当然没有问题，因为你可以在不改变的世界里做到极致。在你眼里，“新”总不如“旧”。

但静下来仔细想想，你不喜欢变化的根本原因其实在于害怕掌控不了变化后的结果，并不代表着你永远不能接受变化或适应新环境。

你是以结果为导向的人，也就是说，只要结果是好的，那也可以改变过程，你只是需要清楚地看到改变所带来的好处，了解到变化带来的积极结果、效率的提升、问题解决等方面。

变或者不变，其实都在你的一念之间。只要结果是好的，持续不变的生活也挺好的。

2

朋友说我好像不是很懂人情世故，话也说得没那么好听，我该如何改变？

“我觉得这个是对的，那我就没有必要向你解释了。等你做完你就会明白为什么是对的。”ISTJ 真的很容易像标准的家长、领导一样，无论什么都讲求效率，有计划、有目的地去做任何一件事。同时 ISTJ 的特性导致你很难将自己的内心情感表达出来，甚至会让人觉得你有些冷漠。

不过实际上你也确实只会关心自己和在自己小圈子的人和事。更多的时候，面对周围的人和事，你只会发动自己的“逻辑”大法，一切以逻辑为先。

“情绪什么的，都是我的累赘。”

至于人际关系嘛……咳咳，对于你来说，只需要少而精的几个好友就足够。

但是，如果想和所有人都能维持还过得去的关系，可以试试学习“非言语交流”：不仅仅通过语言表达，还可以通过肢体语言、面部表情和声调来体现。注意自己日常的语调、肢体动作等，例如，和他人打招呼时，可以放大招手的动作，配合微笑会更让人发现你的友好；和朋友沟通时看着对方的眼睛来表示你的重视；模仿他人表达积极的手势来增进对方的好感……

另外，若有人不同意你的想法，也不要沉默寡言，觉得自己懂就好！向他人解释一下自己的看法，就算有分歧，你也勇敢迈出表达的第一步了。

人际关系很复杂，认真过好自己的生活才是正道哇。

3 过于完美主义，想什么都做好但是又很担心有失误，该怎么办呢？

一群理想主义者中唯一的现实主义者肯定是 ISTJ，你基本上不会去做自己觉得冒险的事情，一切从实际出发，是那种做事前先问自己：这件事我有百分百的把握吗？是认为“有”才会开始行动的人，行动起来效率也超高。像你这样高效又讲求实际、不假大空、认真负责的人真的很难得，所以这也是为什么 ISTJ 在学习中容易是好孩子代表，在工作中是老板最器重的员工的原因了。因为这样的经验主义，很多时候，你会选择吃同一家餐厅，去去过的地方玩，走走过的路。

那么，要不要尝试从现在开始改变一下呢？无论完成任何任务，都不要将责任全部压在自己的肩膀上，转换一下思维，从“你一定要做到完美”到“能完成就很不错啦”。

在生活中，尝试体会一些在日常计划外的事情。去从未见过的地方不做计划地玩一玩，看以前从未涉及过的小说类型，尝试一些奶茶店、蛋糕店的新品，在这些环节里，让事态任意发展，无论好或坏，都会是一次新奇的体验。

4

很难对生活中其他人共情，我这样不对吗？

ISTJ 是很典型的“高敏感但是低共情”人群。不少 ISTJ 感觉奇怪——为什么我能对于电影、电视剧、小说中的人物故事感同身受、泪流满面，但是在现实生活中却容易觉得情绪多的人麻烦，过多的情绪只是不必要的东西呢？

其实你一点都不冷漠，相反，你是很敏感的人，能敏锐察觉到他人的情绪，但很多时候只是不想给予反馈罢了。如果朋友来倾诉或吐槽，你会根据自己的逻辑提供认为合理的解决方案。但若是朋友只是来寻求安慰和来索取情绪价值的，那你可能就爱莫能助了。

即使无法共情，也可以在日常中学会“共情式沟通”：多倾听他人的想法和困扰，做一个完美的倾听者，在对方表达困扰和痛苦的时候给予肯定——“是呀是呀，我也不喜欢这样”“我也有这样的经历，我懂”。很多时候，大家需要的只是一些安慰和理解呀。

5 不喜欢放鸽子或者做事拖拖拉拉、老是需要我等的朋友，我有错吗?

ISTJ 大概是 16 型人格中的“秩序守卫者”了吧。按计划办事是你的守则，如果有谁和你约好了时间却临时毁约，或者马上要迟到了还磨磨唧唧，让你等很久很久的人，那就是打乱了你一整天的计划！严格的计划执行者 ISTJ 当然很难接受这一点，会认为：约好了时间为什么不能遵守？既然不能守约为什么还要答应我?

所以，不喜欢放鸽子的朋友不是你的错，只是你的秩序感很强罢了。你对他人如此，对自己的要求也相当严格。

在朋友和你约好了时间但经常不准时的情况下，可以提前和对方沟通，要表达你的感受和期望，让他们知道，你是很看重“守时”这一点的。如果有什么不方便的地方，你也可以好好倾听朋友的难处并尝试帮忙解决。

真正的朋友，在了解你的原则后会选择尊重你的，不是吗?

6

我和其他人格相处得如何呢？

ISTJ × ISFP（**艺术蛋**） 需要磨合，再接再厉。

ISTJ × ESFP（**社交蛋**） 你侬我侬，相互牵制。

ISTJ × ISTP（**自由蛋**） 亲密挚友，天生一对。

ISTJ × ESTP（**潇洒蛋**） 超强吸引力，互补且激烈。

ESFP × ESTJ（**卷卷蛋**） 情绪稳定，自律二人组。

ISTJ × ESFJ（**天使蛋**） 天作之合，你懂我最重要。

ISTJ × INFJ（**神秘蛋**） 天差地别，你我不同。

ISTJ × ENFJ（**暖暖蛋**） 莫名吸引，慢慢磨合。

ISTJ × INFP（**精灵蛋**） 宠你没道理，贴贴也不赖。

ISTJ × ENFP（**活力蛋**） 灵魂伴侣，冰与火之恋。

ISTJ × INTP（**逻辑蛋**） 理性至上，深刻共鸣。

ISTJ × ENTP（**辩论蛋**） 探索新鲜，奇妙之恋。

ISTJ × ISFJ（**守护蛋**） 情绪稳定，细水长流。

ISTJ × ENTJ（**霸气蛋**） 相互拉扯，双强之争。

ISTJ × INTJ（**智慧蛋**） 傲娇双人，合作愉快。

ISFJ
守护蛋

利他主义

亲切小护士

小天使

爱是耐心

暖男

恋旧

需要回馈

付出型人格

真诚

我也很敏感

责任感强

最强辅助

高敏感人群

柔软的心

他人的需求是我的满足

超强共情力

关键词

蛋仔咨询室
CONSULTING ROOM

1 老是会想着多照顾身边的人，但是最后好累好疲惫，怎么办？

2 我好像比周围的人都敏感一些，容易胡思乱想，该怎么办呢？

3 不懂拒绝他人的请求，经常会把自己弄得很累该怎么办？

4 我很不善于处理冲突，当和朋友产生冲突时，我总是习惯性地逃避，该怎么处理呢？

5 难过的时候，我该如何排解负面情绪呢？

6 我和其他人格相处得如何呢？

走进 ISFJ 的世界

内向 · 实感 · 情感 · 判断

说到 ISFJ，给人的印象就是善良热心的化身，明明自己的事情都一大堆忙得头疼，却依旧能好心肠地安慰、照顾他人。如果这么想就大错特错啦，ISFJ 并不是不求回报，也不是事事都愿意挺身而出的。只是他们天生同理心强，责任感也重，会习惯性地照顾身边的人，擅长体谅他人、反思自我。几乎不会拒绝需要帮助的人的请求，宁愿委屈自己也会把在乎的人放在第一位。因为能帮助到别人，就是最大的满足了——谁能不怜爱这样的温柔小天使呢?

ISFJ 无论是在“子女”“职场人”还是“学生”的角色上，都会尽全力地付出，偏向追求传统价值的保守，有着“处在什么环境就该做什么”的想法，所以 ISFJ 总是被周围人夸赞是“孝顺孩子”，被领导认为是最默默努力的尽职员工。

“保守”但并不守旧，ISFJ 倾向传统，但是也能尝试新鲜事物，通常喝奶茶只点同一款的他们，若被强力推荐新品也愿意一试，但是在他们心中，“旧”的事物更值得去回味和依恋。这也是为什么 ISFJ 是最难断舍离的人格了，旧的人和事物在他们心中都自带时光滤镜。

1 老是会想着多照顾身边的人，但是最后好累好疲惫，怎么办？

ISFJ 真的很容易因为过度关注他人而忽视自己的需求！你习惯性地默默守护大家，是最天使的人格，从来不会主动伤害他人，甚至是想为所有需要帮助的人提供助力，也愿意为了在乎的人委曲求全，这在你看来是爱的一种方式。

然而，这可能会导致你忽视了自己的需要和边界。人的时间就这么多，当你将目光和心思都放在别人的身上，那你自己该怎么办呢？

多看看自己吧，尝试将目光转移回来，认认真真地想想，自己现在最需要的是什么？给自己准备一份礼物。不要想着攒钱给家人买礼物了，这次买下那双你惦记很久的鞋子；不要朋友想去哪儿，你就去哪儿啦，这次的出游地由你来选。

记住，你也很珍贵，你是自己最好的宝贝。同样地，只有在照顾好自己的情况下，你才能更好地照顾爱的人呀。

2 我好像比周围的人都敏感一些，容易胡思乱想，该怎么办呢？

为“I”做“E”说的就是你，你能敏锐注意到社交环境中他人的情绪变化和需求，能察觉出微妙的情感和能量变动，同时也容易被他人所影响。为了不冷场、为了合群或是不让别人尴尬，你能自愿化身“E人”，开启社交模式。但是过度的敏感也会让你时刻都在察言观色，害怕他人的一举一动是不是在暗示着什么？一旦开始便很容易陷入恶性循环——猜测别人的心思，随后过度脑补，加深内耗。

要意识到，敏感是你的一部分，接受自己是一个敏感的人，并理解这并不意味着你有任何问题。你的敏感会让你更感性，更能处理好人际关系，同时也会具有双面性。

比周围的人更敏感，那就更应该去滋养自我。在胡思乱想的时候，给自己足够的休息和放松的时间，找到适合你的方式来缓解压力，通过运动发泄或是与家人沟通都是不错的方式。或是将自己的情绪记录下来，写出来的那一刻就会舒缓很多，过阵子再去回味，你会发现之前认为比天大的事情，好像也没那么严重。

另外，尝试学会辨别哪些情况或人会让你过度敏感，甚至会怀疑自我开始内耗。有时候，离开压力环境，和让你内耗的人保持一定距离，会更有利于稳定情绪。

3 不懂拒绝他人的请求，经常会把自己弄得很累该怎么办？

ISFJ真的是各类咨询的最佳人选，只要他人需要你的帮助，你就会事无巨细地告知对方你所有的建议和想法，因为你是真心想让大家都好的类型。但同样地，你的责任心也超强，只要是自己揽下来的活，都会努力做到最好，无愧于心。但是，过度的责任心和愿意帮助所有人的“大庇天下寒士俱欢颜”的想法，真的会让自己很累，不仅会耗费你自身的时间，有时还会过度牺牲自己的利益。

首先你需要明确自己的边界和优先事项：哪些事情对你来说是可接受的，哪些是不可接受的；先将自己的事情放在第一位，再去判断什么样的忙你可以帮。

其次，来，跟我说——“不”。学会说“不”，不代表你冷漠，也不代表你不关心其他人，而是要将自己放在第一位。可以尝试使用礼貌、坚定和明确的语言来表达自己的立场。

最后，如果善良的你觉得很难直接拒绝别人的请求，可以提供一些合理的解释或替代方案，说明为什么你无法满足请求，并提供其他适当的帮助或建议。

你自己，才是最重要的人。

4 我很不善于处理冲突，当和朋友产生冲突时，我总是习惯性地逃避，该怎么处理呢？

和谐友好的环境对你很重要，ISFJ 在乎人际关系，如果遇到冲突，就很容易开始寻求妥协和解决方案。当然，这不是怂，只是害怕冲突会导致他人内心受伤或产生负面影响，你希望能与其他人和睦相处，喜欢友善的氛围，因此能避免冲突，就尽量避免。

但学习如何应对冲突，能帮助你建立更深层次的情感关系。作为小天使 ISFJ，在面对冲突时可以发挥你温和、有礼、有逻辑的那一面，倾听对方的想法和需求后，以积极的态度提出解决方案。力图找到能让双方都满足的解决方案，但是，不要委屈自己哦。

如果冲突还是无法避免的话，寻求一个中立的第三方好友作为调解人也是不错的选择。

总之，冲突并不是坏事，不是事事都能一帆风顺，有冲突才会有成长。

5 难过的时候，我该如何排解负面情绪呢？

ISFJ 是照顾人的小天使没错，但有些时候你得不到回馈也会疲惫。不少 ISFJ 都是高敏感人群，很容易过度在意周围的环境和人，在脑海中放大他人的一举一动，导致内耗。

在这种时候，给自己一些时间来调整和放松，暂时远离让自己大脑产生负面情绪的人或者事物。

同时，你喜欢和他人建立深入关系，并能从中获得满足感。试试主动与朋友或亲人联系，分享你的生活和感受。对亲近的人诉说可以带来正面的情绪和支持，帮助你排解负面情绪。身边人的认可和宽慰是你所需要的。

另外，可以建立起自己的兴趣爱好，无论是追剧还是绘画，将注意力转移到积极、有意义的事物上。等情绪稳定下来，再换种思维去想想，或许会有不同的发现。

6

我和其他人格相处得如何呢？

ISFJ × ISFP（艺术蛋） 甜蜜氛围，体贴和照顾。

ISFJ × ESFP（社交蛋） 温馨浪漫，安全感满满。

ISFJ × ISTP（自由蛋） 灵魂伴侣，舒心又幸福。

ISFJ × ESTP（潇洒蛋） 互补伴侣，内外搭配。

ISFJ × ESTJ（卷卷蛋） 最佳拍档，稳定又务实。

ISFJ × ESFJ（天使蛋） 细节控二人组，亲密无间。

ISFJ × INFJ（神秘蛋） 相似又敏感，“我很需要你”。

ISFJ × ENFJ（暖暖蛋） 超强吸引力，“我来照顾你”。

ISFJ × INFP（精灵蛋） 回避冲突，难以深交。

ISFJ × ENFP（活力蛋） 共情力超强，相互共鸣。

ISFJ × INTP（逻辑蛋） 偷偷观察，理性和感性相撞。

ISFJ × ENTP（辩论蛋） 相互理解，慢慢磨合。

ISFJ × ISTJ（模范蛋） 情绪稳定，细水长流。

ISFJ × ENTJ（霸气蛋） 互补吸引，相互学习。

ISFJ × INTJ（智慧蛋） 冰山融化，互相理解。

ESTJ

卷卷蛋

高效刻在我的基因里

野心

正统领导

人狠话多

将军

知行合一

人生就是轨道

表里如一

被说“冷血”也无所谓

第一非我莫属

“T”（逻辑型）人中最外向

智性恋

关键词

蛋仔咨询室
CONSULTING ROOM

1. 无论是在工作中还是生活中，我都想亲力亲为，但总是很累，该如何调整？
2. 讨厌自己的计划变动，讨厌别人临时改约，该如何调整那一刻的失控感呢？
3. 身边人觉得我说话不好听，我该如何调整（虽然我觉得自己是对的）？
4. 我适合与什么类型的人格相处？
5. 和人相处经常没有耐心，怎么调整？
6. 我和其他人格相处得如何呢？

 CONSULTING ROOM

走进 ESTJ 的世界

外向 · 实感 · 逻辑 · 判断

ESTJ 最适合什么职业？当然是霸道总裁啦。任何事情都要在自己的掌控中，情绪什么的憋回去，精英的人生不需要解释！ ESTJ 似乎总能找到一件事的最优解，就像他们也能轻易能找到人生的最优解一样。对于他们来说，万事万物在脑中自有条理。

ESTJ 会认为，人生就是轨道，这条轨道被清晰地安排好了每一节应该去往的方向。身边的人和事物都合理地在轨道上运行是最好不过的事情了，毕竟偏离轨道的事物只会让他们觉得难以把控。因此，想踩中 ESTJ 的雷区很简单，只要和他们设定好的发展轨迹完全相反就好。例如约好了时间又轻易毁约，磨磨唧唧不重视约定等。ESTJ：“我马上远离。”

ESTJ，无敌是多么地寂寞。

1 无论是在工作中还是生活中，我都想亲力亲为，但总是很累，该如何调整？

ESTJ 控制欲很强，恨不得所有事都能按照自己的安排笔直地进行下去。这也导致你很容易成为家中“实权”人、朋友间的领头羊、工作上的强者，是出门在外永远将朋友挡在身后、自己冲锋陷阵的类型。

“你不行，让我来。”恐怕是很多 ESTJ 的心声了。因为你注重细节又不太信任他人，尤其是那种慢吞吞、做事没有逻辑、性子很软的人。要是和这种人共事，恐怕会忍不住自己亲自上手。

因此，你大多数都是组织里最能带动大家的那一个，如果要选择队友、朋友的话，尽量选择和自己频率一致，少谈感情，只谈效率的人。

另外，得意识到每个人的功能都各有差异，不同的人有不同的能力，可能他的天马行空在你看来是想得太多，但是换一种思路，可能会发现对方点子新鲜、创意多的一面。不要强行认为，大家都必须和你一样效率超群，你得接纳不同的声音。

让自己放松一些吧。

2 讨厌自己的计划变动，讨厌别人临时改约，该如何调整那一刻的失控感呢？

ESTJ 是很强大的执行者，同时拥有强烈的控制欲和组织能力。在你看来，完美的一天就应该是按照心中的计划顺利执行的！要是被什么突发事件扰乱，真的很有可能会抓狂，进而觉得影响到后续的一系列安排。但其实再好好想想，一件事有问题，其他所有事都会“脱轨”吗？还是只有你抓着那一件事不放而忽略了之后的事情呢？计划被打乱带来的损失，可不比因此产生的负面情绪带来的危害大呢，两者孰轻孰重，相信你肯定会有答案的。

在很多时候，无法掌控也代表着拥有无限可能性，在遇到变动时，你可以提醒自己，尝试去探索变动带来的新机会，而不只是看到它们的负面影响。朋友改约了，那你可以自己出门看一场评分很高的电影，或是在家培养一些兴趣爱好，你有太多太多的事可以去做啦。

脑中永远存着备用计划，这可是你的强项。

3 身边人觉得我说话不好听，我该如何调整（虽然我觉得自己是对的）？

你知道吗？你是16型人格中最不会表达自我的人格之一。虽然以“E”为主导，很擅长社交，也不畏惧与他人沟通，工作上会显得稍稍冷血，希望能掌控一切，讲求效率为先。你看起来很酷，但是面对亲近的人时，经常会羞于开口表达自己的情感。例如和家人、朋友相处时受了委屈，其他型的人格可能会撒娇，可能会表达自己的想法，但你却很容易一张口就是指责他人“为什么不……”，尽管内心并没有这个意思，想的是“你怎么还不来哄哄我”，但很容易让别人误解，嘴硬心软的典型代表就是你！

想要改善这一点的话，先不要去找对方的毛病。率先说出自己此时此刻的想法，例如“其实我是因为你今天忽略了我而感到不开心的”。无论如何，你迈出了第一步，剩下来的解决方案就看对方啦。

尝试在自己心中有需求、有想法的时候告诉自己：如果我挑剔对方的话，除了让我们俩都不开心，并不会有什么改善呀。聪明的、以结果为导向的你，肯定能明白该如何去做的。

4 我适合与什么类型的人格相处？

作为时间管理、自我管理都一流的 ESTJ，你会更适合一些与你相似的人格：遵守规则且办事牢靠，性情稳定不飘忽。最重要的就是不要拖拖拉拉，磨磨唧唧、有话不直说的人分分钟会踩爆你的雷区。

INTP（逻辑蛋）、ISTP（自由蛋）：都是偏向稳定且沉默的性格，不同的是 ISTP 会更实际，话不多，可动手能力强啊，和你在一起组队，就是你指挥他们开工，省心又省力，而且你们俩都很实际，注重逻辑及事物的可行性。INTP 是脑力的强者，能带给你不同的思路方向——“你先别急，我们来看看这件事怎么解决最省力。”

ENTJ（霸气蛋）：最有可能当领导的两个人格相遇，会擦出怎样的火花呢？ ENTJ 是掌握大局观的人，你是能发现和规划具体细节的人格，一起合作简直就是绝配。

ESFP（社交蛋）：活泼乐观的 ESFP 能融化你的冷酷外表，一起社交，一起开心，和他们在一起说不出来为什么，就是让人很开心。

5 和人相处经常没有耐心，怎么调整？

其实在面对他人的时候，没有耐心并不是你的问题，只是你更喜欢“快、准、狠”的沟通方式。如果对方半天说不到重点上或是做事拖拖拉拉让你看着就不爽，不耐烦是很正常的，因为能跟得上你的节奏的人真的不多呀。

能认识到在人际交往中缺乏耐心这一点，就已经是你改变的第一步啦。每个人都有着自己独特的思维方式和价值观，对待事物的看法和认知都有差距，很难和你完全同频。

倾听是与他人建立良好关系的关键。努力倾听他人的观点和需求，并且尽量理解他们的感受和境遇。在与他们相处时，尝试理解和接受不同的观点和方式。

另外，耐心也是一种可以学习得来的品质。日常多多注重自己的情绪和反应，并尝试推迟冲动的回应，深呼吸、冷静下来，并给自己一些时间来处理情绪。不要急于做出决定或表达意见，给自己和他人一些空间和时间。

6 我和其他人格相处得如何呢?

ESTJ × ISFP（艺术蛋） 不同但互补，“我来温暖你”。

ESTJ × ESFP（社交蛋）乐观热情，理性和感性。

ESTJ × ISTP（自由蛋） 说走就走，天长地久。

ESTJ × ESTP（潇洒蛋）行动第一，强强结合。

ESTJ × ISFJ（守护蛋） 最佳拍档，稳定又务实。

ESTJ × ESFJ（天使蛋）一把手和二把手，加起来完美。

ESTJ × INFJ（神秘蛋） 思维差异大，有些困难。

ESTJ × ENFJ（暖暖蛋）天生一对，默契至极。

ESTJ × INFP（精灵蛋） 天差地别，继续磨合。

ESTJ × ENFP（活力蛋）注重沟通，相互学习。

ESTJ × INTP（逻辑蛋） 脑洞大开，继续磨合。

ESTJ × ENTP（辩论蛋）双强联动，“我来主导”。

ESTJ × ISTJ（模范蛋） 情绪稳定，自律二人组。

ESTJ × ENTJ（霸气蛋）强强联合，最佳拍档。

ESTJ × INTJ（智慧蛋） 三观相近，你懂我。

ESFJ

天使蛋

热心肠

责任心强

派对组织者

和平主义者

喜欢被夸赞

同理心

人缘好

传统主义者

团队里暗暗的掌权人

微笑天使

热情管家

察言观色

捧场王

关键词

蛋仔咨询室

CONSULTING ROOM

1 只喜欢肯定自己的话，如果受到一点批评都会很难受，我该怎么办？

2 一直都希望自己能做到最好，希望大家都满意我，但是这样有点累，我需要改变吗？

3 不喜欢冲突，总想着维持和平的关系怎么办？

4 我适合什么样的伴侣呢？

5 对周围人付出却得不到回应的话，我会记很久，心里很难受，该如何调解？

6 我和其他人格相处得如何呢？

走进 ESFJ 的世界

外向·实感·情感·判断

喜欢热闹的氛围，喜欢各种聚会，喜欢把朋友们聚在一起玩耍，喜欢照顾别人，需要他人的夸奖和认可来补充能量，这就是 ESFJ。他们虽然不是人群中最突出最闪耀的那一个，但一定是最会安排事物，最能照顾到方方面面的那一个。虽然不喜欢给别人添麻烦，但很爱主动去帮助他人，擅长发现别人的闪光点，是名副其实的派对捧场大王，在夸奖他人的同时，内心也很需要别人的认可和赞同。

另一方面，ESFJ 的组织管理能力和制订计划能力也不容小觑，被认为是最适合管理一切类型的人格，务实、诚实，相当遵守规则且富有责任感。交给他们的事一定会被好好完成。不仅热情温暖，还能好好规划且能认真完成布置的一切，同时比起 ESTJ（卷卷蛋），更多了几分亲切和热情。这样的 ESFJ，谁会不喜欢呢?

1 只喜欢肯定自己的话，如果受到一点批评都会很难受，我该怎么办？

ESFJ 很容易发展成奉献型人格，高度关注他人评价，甚至你的价值观都依托在外界的声音上。因此你对批评高度敏感，渴望被人在意，得到他人的认可。如果自己的付出被看到、被认同、被夸赞，那将会成为你源源不断的动力来源。但是一旦被批评、被忽略、被否定，你会认为自己做的一切似乎都没有任何意义了，天空好像都变成灰色的了。

外界的声音会很大程度上影响到你的自我评价——“他说我这样不好，好像真的如此，我是不是要改掉这个坏毛病？”随后开始内耗，潜意识里会逐步调整以求得到他人的认可。

爱自己很重要，一旦因为批评的声音出现，或者被忽略而开始怀疑自我的时候，照照镜子，告诉镜子中的自己：你是最棒的！用语言的力量进行自我激励，把自己当作一朵花儿来养育吧。

2 一直都希望自己能做到最好，希望大家都满意我，但是这样有点累，我需要改变吗？

你的热情外表下，其实有一颗相当敏感的心，比起自我关注，你会更关注别人是否满意、朋友是否因你开心。潜意识里希望大家都能和谐相处，不愿意麻烦别人，也不愿意让对方为难，努力想要做到周围人对你的期待。这当然是很好的，起码对于他人来说，你是热情、友善、会付出的朋友，是善良、诚实、守信的乖孩子。

但是，将他人的期待和认可放在第一位的话，你要如何自处呢？到头来，委屈、内耗的可是你自己！

试试不要去看他人的反应，你想吃什么就去吃什么，想去哪儿玩就去哪儿，比起别人，你才是自我世界的第一位呀。转变想法，把自己当作这个世界上最重要的人，问问自己：如果我是 ××（你在乎的人），我该怎么对待自己呢？确保自己的需求得到满足后，再去考虑其他人的想法，你不必一直迎合对方的期待。

别把你的“小蛋糕”都分给别人啦，给自己也留一块吧。

3

不喜欢冲突，总想着维持和平的关系怎么办？

在一个群体环境中，ESFJ 总是想着关心他人的情感和需求，并努力创建一个友善、和睦的社交环境。然而，有时候冲突是难以避免的，而且冲突并不全然是负面的。如果能学会解决掉它，反而会让你成长得更快。

需要明白，人与人之间的差异很大，试图理解所有人的想法是一件不可能的事情，况且沟通本身就是很容易产生误解的，一误解，冲突就来了。只有直面冲突才能化解矛盾，忍气吞声、以和为贵的想法更有可能将矛盾埋在心里，成为一颗随时会引爆的地雷。因此在面对冲突时，解决才是最好的办法。

当冲突发生时，认真倾听并尝试换位思考理解对方，有冲突就有需求，有需求就需要表达。勇于表达自己想法，探讨一下有无合适的共同解决方案。这一切最好基于大家情绪都稳定的时候。实在难以解决，可以借助外力——找一个中立的第三方（如朋友、家人或专业人士）向他们倾诉或咨询，也许可以获得不同的视角。

维护和谐的关系是重要的，但也要确保你的真实需求和观点得到尊重和关注哦。

4

我适合什么样的伴侣呢？

追求纯真爱情的人就是你！你喜欢被人需要的感觉，喜欢只对你偏爱的另一半，很在意对方是否认同你。喜欢付出，更喜欢获得赞赏的成就感。所以你很适合能及时反馈、永远爱意满满的伴侣。

ISFJ（守护蛋）：ISFJ 是小天使，比起你的主动帮助，他们更喜欢在人群中默默关注他人，给予帮助。你们都是传统的家庭型人格，都很温暖，很能理解对方的敏感，负责、可靠是你们的共性，他们能为你带来你需要的安全感，而你会让他们体会到社交的快乐。

ESFP（社交蛋）：和 ESFP 在一起，气氛一定会很活跃，他们爱玩、爱社交、爱去探索新鲜事物，同时也能敏锐察觉到你的情绪，给予你正向反馈。跟着 ESFP，每天都会很开心。

ISTP（自由蛋）：他们虽然我行我素，似乎不太懂得情感表达。但是 ISTP 是很会在行动上付出的人格，嘴上不说什么，其实心里什么都懂，你能为他们提供情绪价值，他们也能很好地接受并用行动来回馈你。同时，他们也相当具有冒险精神，喜欢探索新鲜事物，和 ISTP 在一起，他会带你探索世界，带你了解到你从未涉及的领域。

5 对周围人付出却得不到回应的话，我会记很久，心里很难受，该如何调解？

作为一个 ESFJ，你喜欢去照顾他人的需求，更喜欢得到对方的积极反馈，哪怕是几句表扬都很好。但是当你对周围的人付出很多却得不到回应时，会格外挫败，怀疑自我。

希望你能转换思维。有时候，人们可能没有意识到你的付出或不知道你对回应的期望。直接而友善地与他们交流，让他们了解你的感受并寻求解决方案，表达你的感受和需求更重要。

不同的人有不同的表达方式和需求，有些人可能不太擅长表达自己的情感，但他们可能会在其他方面对你表示感激或回应。若是遇到完全得不到任何回应的朋友，那就远离他吧。远离会让你产生内耗的人。记住，你才是自己人生的第一位呀。

6

我和其他人格相处得如何呢?

ESFJ × ISFP（**艺术蛋**）安全感，“喜欢你，没道理”。

ESFJ × ESFP（**社交蛋**）热情浪漫二人组，共情第一。

ESFJ × ISTP（**自由蛋**）完美配对，互补又贴心。

ESFJ × ESTP（**潇洒蛋**）激情和火花，温暖与乐趣。

ESFJ × ISFJ（**守护蛋**）注重细节，亲密无间。

ESFJ × ESTJ（**卷卷蛋**）一把手和二把手，加起来完美。

ESFJ × INFJ（**神秘蛋**）情感共鸣，充满未知。

ESFJ × ENFJ（**暖暖蛋**）互夸二人组，相互温暖。

ESFJ × INFP（**精灵蛋**）奉献者联盟，“我懂你”。

ESFJ × ENFP（**活力蛋**）乐观至上，你侬我侬。

ESFJ × INTP（**逻辑蛋**）超级互补，慢慢磨合。

ESFJ × ENTP（**辩论蛋**）相爱相杀，沟通万岁。

ESFJ × ISTJ（**模范蛋**）天作之合，你懂我最重要。

ESFJ × ENTJ（**霸气蛋**）稳定平淡，细水长流。

ESFJ × INTJ（**智慧蛋**）彼此治愈，共同成长。

INFJ

神秘蛋

矛盾集合体

清醒

神秘

边界感极强

最适合出家

人类的悲欢并不相通

自我批判

外热内冷

悲观消极

和事佬

社交变色龙

无时无刻不在思考

很难被看透

白日梦想家

关键词

蛋仔咨询室
CONSULTING ROOM

1 很难遇到知心朋友，想交朋友又懒得主动，该怎么办？

2 我适合与什么样的人在一起呢？

3 我的情绪好像很容易泛滥，我也常常控制不住自己。

4 常常会很消极很低落，甚至会自卑，该怎么调整呢？

5 我好像比身边人都更容易焦虑。

6 我和其他人格相处得如何呢？

走进 INFJ 的世界

内向 · 直觉 · 情感 · 判断

INFJ 真的是世间一切矛盾的结合体了，既能理性思考又感性到不行，在众人面前阳光、温柔、好说话，但内心又有阴暗的一面。看着既不太突出也不愿意过分展现自己的外表下有着一颗七窍玲珑心。他们是极致的理想主义者，脑子里经常会塞满各类哲学问题，有着高度的洞察力，能看破很多人的弱点和矛盾处，也包括自己。

所以 INFJ 很少会有过度自信自傲的时候，给自己套上“变色龙”的外壳，是为了应对外界的一切变化，保护自己那颗柔软的内心。

或许有些人会觉得他们不切实际，但我想告诉他们的是：这个世界需要这样的理想主义。

1 很难遇到知心朋友，想交朋友又懒得主动，该怎么办？

你本身就偏向于被动，在很多场合都是默默观察他人，有人接近你后，才会挂上温和的面具与别人沟通，随着你接触的人越多，你会发现大家对你的评价基本上都是温和，体贴，还很好说话。实质上善良的确是你的底色，但是你在面对大家时会架起一堵墙，静静地防御着。更何况，与你能有精神共鸣是走进你心里的第一道关卡的前提条件，但能做到与你精神共鸣的人真的少之又少。

在感到孤独的时候，也不必去强求一个只能聊吃喝玩乐的朋友。

建议你善用自己的优势，你本身就是见不得其他人受苦受难的人，总会想着帮助他人。只要继续保持你的善良本色，肯定会遇到和你一样的人。

其实，社交并不是你最需要关注的，很多时候，你个人富足的精神世界已经填满了一切。

2 我适合与什么样的人在一起呢？

作为一个 INFJ，你本身就会更在乎精神之交，因此，能否与你产生精神共鸣，能否深入理解你，并与你建立深刻的情感连接，对你来说很重要，甚至更高于物质上的需求。以下是一些你可能会喜欢和欣赏的人群类型：

ENFJ（暖暖蛋）：ENFJ 与你在许多方面相似，你们关心情感上的连接，能够理解彼此的深层次感受，并在互相支持和理解的基础上建立稳固的关系。

INFP（精灵蛋）：INFP 和你在价值观和情感上有很大的相似之处。你们都很关心他人的需求，希望能为自己心中的理想社会做出贡献。你能懂他们的敏感，他们也能理解你的内心。

INTJ（智慧蛋）：INTJ 是冷静、理性和喜欢深度思考的人。虽然看起来有些冷漠，但你们在思维方面很类似，都喜欢独自思考和深入探索一些未知的事物，共同交流会成为你们的常态。

3 我的情绪好像很容易泛滥，我也常常控制不住自己。

INFJ 情感本身就很丰富，能敏锐感知到环境的一切细微变化，同时自我情绪也容易泛滥。你被称为“变色龙”不是没有道理的，因为你本身就有着层层面具，在面对他人的时候是如此，但在面对自我的时候，若是层层面具交叠，拧巴的就是自己了。

情感不可控，但是情绪是可控的。想要管理自己情绪的第一步就是自我观察，时刻关注自己的情绪变化，注意情绪何时开始升高或变得不稳定。

“今天他没有和我打招呼，他是不是不喜欢我了”“这件事太难了，我不想做了”。一旦意识到自己将客观发生的事实“添油加醋”后，马上制止，告诉自己：“这不是事实，这只是我想象出来的。”并且尝试将其记录下来，用笔写下来可以帮助你更好地理解自己的情绪，只有发现、了解它，才能学会如何与情绪和平共处。

另外，善于从文学作品中得到慰藉的你，可以去阅读一些心理学书籍，例如《被讨厌的勇气》《自我边界》等，了解到每个人都有需要处理的个人课题，你的课题就是需要真正地认知自我，接纳自我。

4 常常会很消极很低落，甚至会自卑，该怎么调整呢？

INFJ 真的会思考很多问题，上到宇宙飞船下到好友的一举一动，对于很多问题，你会比同龄人思考得更广更深层。但是，想得太多就容易陷入内耗之中，甚至会有什么都不想做、只想一个人静静待着的时候。而且，你们的物欲也很低，对于物质上的东西没有什么追求。这就导致了很多时候没有外在动力推着你们前进。

要明白这些情绪是正常的。在惊觉自己已经处于很消极的状态的时候，可以尝试寻求家人或者好友的帮助，将憋在心里的话告诉你最信任的人，他们会愿意帮助你的。有些情绪，说出来会好受很多。

另外，你是理性和感性的结合体，平常可以轻易地为朋友分析对错和提出建议，你也可以对自己这么做。试试在自己消极的时候，拿出纸笔，理性分析自己目前的状况，写下自己遇到的问题——“感觉自己融入不了朋友的圈子”“我好像无法顺利完成这件事”。你会发现，你所有的情绪都来自于你的“感觉”，而你是有能力改变这些“感觉”的。

另外，换位思考一下，如果是身边的人向你倾诉这个问题，你会提出什么样的建议？相信你会有自己的答案。

5

我好像比身边人都更容易焦虑。

INFJ 恐怕是 16 型人格中最会自我反省的人格了。你对于周围世界非常敏感，很关注他人的感受和需求，善于察觉和体验他人的情感和氛围，在乎的人的一举一动都可能会在你心中放大，容易产生不断犹豫、挣扎和预测未来的各种情况，这就会导致焦虑情绪。

况且你常常对自己和他人设立很高的标准，并追求完美，一旦设立目标后又容易不断焦虑，怕做不好。完美是很难做到的，建议 INFJ 在日常中不要追求完美，将自己想完成的目标分成一个个小任务来完成，并告诉自己，先做到七十分就好。

寻找适合你的方式来发泄焦虑和紧张情绪。这可以是写日记、绘画、运动、跳舞或听音乐等。找到一种适合你释放情绪和缓解压力的方式。

另外要学会认识并挑战自己的负面思维模式。一旦有“焦虑怪”出现，马上使用积极的自我对话来改变想法，告诉自己，“这件事肯定能顺利完成”“我当然能行”。给予自己强烈的心理暗示，给自己“洗脑”，你当然就会成为最好的啦。

6

我和其他人格相处得如何呢？

- INFJ × ISFP（**艺术蛋**） 温暖贴贴，相互依偎。
- INFJ × ESFP（**社交蛋**） 差异明显，各玩各的。
- INFJ × ISTP（**自由蛋**） 不太同频，敏感遇上钝感。
- INFJ × ESTP（**潇洒蛋**） 相互吸引，世界观不同。
- INFJ × ISFJ（**守护蛋**） 相似又敏感，“我很需要你”。
- INFJ × ESTJ（**卷卷蛋**） 思维差异大，有些困难。
- INFJ × ESFJ（**天使蛋**） 情感共鸣，充满未知。
- INFJ × ENFJ（**暖暖蛋**） 灵魂伴侣，心灵导师。
- INFJ × INFP（**精灵蛋**） 相互理解，“你懂我”。
- INFJ × ENFP（**活力蛋**） 情感连接，相互平衡。
- INFJ × INTP（**逻辑蛋**） 截然不同，相互吸引。
- INFJ × ENTP（**辩论蛋**） 完美互补，吸引力。
- INFJ × ISTJ（**模范蛋**） 天差地别，你我不同。
- INFJ × ENTJ（**霸气蛋**） 理想主义者联盟，彼此亲近。
- INFJ × INTJ（**智慧蛋**） 求同存异，相互磨合。

INTJ
智慧蛋

思考

向往成为强者　　权谋家

有逻辑　　独立的豹

果断

战略家　　高冷

计划未来

观察人类计划

个人主义

十分坚定

完美主义

对事不对人

反抗精神

关键词

蛋仔咨询室
CONSULTING ROOM

1 比起和他人合作，我更喜欢自己一个人干活，我需要改变吗？

2 达不到自己的要求就会消极应对，该怎么调节心态呢？

3 似乎很难和他人建立起亲密深层的关系，我该为此努力吗？

4 我更适合与什么样的人格相处呢？

5 不太喜欢人很多的社交场合，我有问题吗？

6 我和其他人格相处得如何呢？

走进 INTJ 的世界

内向 · 直觉 · 逻辑 · 判断

INTJ 是脑力的强者，不断学习、思考是一生的事业，他们决不允许自己原地踏步，要做当然要做最好的，聪明的大脑让他们很容易就能将其他人甩在身后。

在日常沟通中也最喜欢一针见血直接进入主题，少点弯弯绕绕，有话直说是他们的最爱。这也就导致不少人会觉得 INTJ 很孤傲，有种高处不胜寒、难以接近的气质。其实 INTJ 只是标准的对事不对人罢了。

想要踩中到他们的雷区很简单，只要总是提出一些愚蠢的问题或是干一些他们觉得没有任何意义的事情，就很容易被他们拉进黑名单。当然别误会，INTJ 对自己也是这样要求的：没有价值的事情我不干，没有效率的人是垃圾。吾日三省吾身，不准当垃圾！

1

比起和他人合作，我更喜欢自己一个人干活，我需要改变吗？

无论是学习时期还是进入职场，只要有集体的地方就有合作，而对于 INTJ 来说，其他人是不可控因素，只有将所有事情掌握在自己手中才能万无一失。如果所有人都能像你一样，聪明、有行动力、讲求效率那自然是最好的，但是若是遇到和你不同频的人，INTJ 恨不得自己单干。

在面对必须要与他人合作的时候，可以调整自己的想法。其实每个人都有着不同的优势和价值。合作可以带来多样的想法、知识和技能，且你们拥有一个共同的目标，都往着正确方向发展，良好的合作能带来更高的效率呀。

但是，如果实在磨合不了也不需要硬撑，人与人之间的磨合本身就是一件困难的事情，而你的优势并不在此。你更适合不需要和人产生情感连接的工作，换句话说，能独立思考，和“物”而非人打交道的工作对你来说才是最好的。

2 达不到自己的要求就会消极应对，该怎么调节心态呢？

INTJ 对自己的要求很高，常常会设立目标鼓励自我达到，成为强者是你的人生目标。但对自我的高标准和完美主义会让你在觉得无法达到目标时产生挫败感。“要做就做到最好”是你们的信念，既然做不到，那就干脆不做了，于是容易开始变得消极。

如果处于这个阶段，可以重新审视一下你对自己的期望是否过高或不合理。对于一些你现阶段达不到的目标，学会适度降低标准，并接受自己的不完美。

稳定情绪后，尝试将大目标分解为小的阶段性目标。每当完成一个小目标，就离大目标又近了一步。并且需要给自己足够的时间来完成，减轻自己的压力。

告诉自己：不完美也没有关系的。很多时候，一件事情能做到七十分也是很厉害的。

3 似乎很难和他人建立起亲密深层的关系，我该为此努力吗？

INTJ 骨子里是对人很挑剔的，因为你本质上时刻都在挑剔着自我，更何况面对他人呢？你不喜欢跟风，不喜欢“人云亦云”，喜欢能独立思考有着自我思想的人。对你来说，低质量的社交不如高质量的独处。

去追求能和你同频的人，但不强求数量，只求质量。其实能有一两个能建立起亲密关系的人已经很难得了，在此之前，你可以尝试去拥有相同兴趣爱好的人群聚集的社交场合，多和他人沟通。

记住，建立亲密深层的关系需要时间、耐心和投入。不要过于苛求自己哦。

4 我更适合与什么样的人格相处呢?

传说中16型人格中最难追求的就是你了。你们有强烈的自我意识，对周围的人挑剔得不行。你更适合和一些智商高，脑子好的人相处，最好能和你一起不断进步，最起码在精神上要和你在同一层面。

ENTP（辩论蛋）：你们都是“NT”型，直觉和逻辑占主导，这就导致你们很能共感对方的思维。ENTP脑洞大、好奇心强，什么都想了解，什么事情都能懂一些，而你又是做事专而精的人，一来二去，他们觉得你很聪明很有深度，你觉得他们思路清奇，是个能聊的人。聪明人的CP最好嗑了！

ENTJ（霸气蛋）：两个逻辑狂在一起会怎么样？你们三观一致，都很独立、冷静、极致理性，且ENTJ更有行动力，更自信，能带你走出内耗。

INTP（逻辑蛋）：INTP是内向、思维和直觉导向的人。他们是思维更发散的你，脑洞很大，啥啥都感兴趣却又懒得动，而你就是能帮他们将脑洞落地的人。你们都需要独处空间，也都能彼此尊重和理解。

5 不太喜欢人很多的社交场合，我有问题吗？

INTJ本身就是很独立的性格，很多事情想自己一个人完成，很多话放在心中也不愿意告诉他人。因此，你会更喜欢一个人独处或是只和亲近的几个朋友在一起，如果遇到人太多的社交场合，就很容易感到不自在。

这并不意味着你是孤僻的，你只是需要通过独处来恢复精力和集中注意力。人的精力就这么多，你可以专注于和那些与你有相同兴趣的人交流。

另外，如果你不喜欢参加人太多的社交场合，那么学会设定合理的界限是很重要的哦。你可以选择只参加你真正感兴趣的活动，不必勉强自己加入大型社交场合。

最后，在不得不面对一些很多人的场合时，可以学习一点“I”人必备社交技巧：多倾听、多提问、少表达观点。

6 我和其他人格相处得如何呢？

INTJ × ISFP（**艺术蛋**） 思想碰撞，高度默契。

INTJ × ESFP（**社交蛋**） 相爱相杀，天差地别。

INTJ × ISTP（**自由蛋**） 理性伴侣，自由如风。

INTJ × ESTP（**潇洒蛋**） 相似又不同，奇妙吸引力。

INTJ × ISFJ（**守护蛋**） 冰山融化，互相理解。

INTJ × ESTJ（**卷卷蛋**） 三观相近，你懂我。

INTJ × ESFJ（**天使蛋**） 彼此治愈，共同成长。

INTJ × ENFJ（**暖暖蛋**） 逐步磨合，互补成长。

INTJ × INFP（**精灵蛋**） 平淡稳定，细水长流。

INTJ × ENFP（**活力蛋**） 互补治愈，温暖你的心。

INTJ × INTP（**逻辑蛋**） 智性恋，最佳损友。

INTJ × ENTP（**辩论蛋**） 互相吸引，需要磨合。

INTJ × ISTJ（**模范蛋**） 傲娇双人，合作愉快。

INTJ × ENTJ（**霸气蛋**） 强者思维，理性友好。

INTJ × INFJ（**神秘蛋**） 求同存异，相互磨合。

INFP
精灵蛋

破碎小蝴蝶

敏感

自我否定

直觉力一等

理想主义

善良

自我矛盾

浪漫主义

思想上的巨人

共情力极强

热爱自然

想象力

真诚

需要肯定和在乎

精神世界的主宰

拖延症患者

关键词

蛋仔咨询室
CONSULTING ROOM

1 我会被怎样的人格所吸引呢？

2 对于社交很敏感，很容易察觉到他人的情绪，随之引发内耗，该怎么调整自我呢？

3 害怕人很多的社交场合，该如何调节自我？

4 我做什么才能感受到快乐呢？

5 一直觉得自己没有什么行动力，我该怎么调整呢？

6 我和其他人格相处得如何呢？

CONSULTING ROOM CONSULTING ROOM

走进 INFP 的世界

内向·直觉·情感·知觉

INFP 是最注重精神世界的人格， 他们的身上散发着一种“我的周围全是人，可我的灵魂是孤独的”的气质。INFP 像山谷间的小溪流，看似不大，但底下藏着一个微观世界，自成一派，无人能发现其中的奥妙，只有他们自己才能懂得那其中的美好。

他们强大的情绪感知力和共情力是与生俱来的天赋，敏感又懂得倾听其他人的心声，友善且美好。他们对世间美的追寻大过于世俗的物质，精神力极强。看似随和，其实有相当强的个人想法，认定的事一定会去做，跟着个人的直觉走，很难被他人的想法所束缚住。

破茧而生的蝴蝶是世间最自由的灵魂。

1 我会被怎样的人格所吸引呢?

敏锐的共情力让你很容易被一些柔软、温柔、能让你狠狠怜爱的人吸引。遇到那些你一看到就觉得“我能为他提供帮助”的人，就很容易陷进去。另外 INFP 希望能获得完完全全的偏爱与支持。能在精神上与你共鸣的人，才是你所爱的。

ENFJ（暖暖蛋）：ENFJ 是很重视家庭和爱的人，能全身心为其付出，而你刚好就需要这样的偏爱。他们能发现你的敏感和悲观，并愿意给予温暖，将你从封闭的情绪中拉出来。在你迷茫的时候为你做决定，在你纠结、内耗的时候给予认可和支持。

INFJ（神秘蛋）：你们都有着对世间一切真善美的向往，有着最善良纯真的底色，INFJ 能懂得你的敏感点，在精神世界和你一同畅游。重视你的点点滴滴，能温柔地舒缓你的负面情绪，给予最大的尊重和共情。

2 对于社交很敏感，很容易察觉到他人的情绪，随之引发内耗，该怎么调整自我呢？

敏感并不是错，你的感知力很强，在社交中很容易察觉出他人的情感变化并开始头脑风暴，在大脑中上演一场情景剧。敏感也会有双面性，它能让你更加关注他人的情感和需要，但同时也使你更加容易受到伤害，增加心理负担。

首先，了解自己的情感和情绪是很重要的。试着识别这些情绪是源自你自己，还是因为他人导致的。学会分辨将能帮助你更好地理解和处理这种内耗。

为了保护自己免受过度的情绪影响，要试着给自己的大脑设定边界。可以和他人共情，但也要知道什么时候停止。作为"I"人的你，是很需要给自己一些个人空间的。处于个人空间和时间的时候就不要再去思考其他人的想法，将注意力拉回到自身。告诉自己：我现在的"电量"被过度消耗，需要开启"省电模式"了，以此屏蔽掉外界对你产生的一切影响。

"省电模式"开启后就需要为自己补充能量了，这时可以通过文字、阅读、绘画等个人爱好来让自己的思绪静下来。作为一个 INFP，将你们敏锐的感知力通过文字表达出来，也是一种向内的自我填充。

3 害怕人很多的社交场合，该如何调节自我？

INFP 容易在社交上产生压力，静下来问问自己为什么会感到恐惧，可能是因为担心被忽视，容易感到不舒服或难以和他人打开话题。了解恐惧的来源会有助于更好地应对它们。

面对一些你认为无意义的社交活动可以勇敢拒绝。你有权利保护自己，尊重自己的需求，给自己安排休息和独处的时间。

INFP 的成长就是在不断地从困住自己的茧中破出的过程。当你成长为能不断地给予自我安全感，不那么在意他人的眼光，将重心放在自己身上的人之后，人再多的社交对你来说都没有问题。因为只有你把自己当作了自我世界的中心，整个世界才会围着你展开。在你心中，你才是这段关系的主导，你若绽放，清风自来。

别担心，不管你是玫瑰还是茉莉，只管按照自己的方式绽放，总有人欣赏你的芳香。

4 我做什么才能感受到快乐呢？

INFP 对太过于注重逻辑，需要大量与人沟通的工作会让你感到相当疲惫。你是需要自由的小蝴蝶，得在精神世界绽放光彩。INFP 在创造力、情感感知力、人文关怀上有着独特的长处。因此在创意性、艺术类、教育类的环境中，你更能获得快乐。

很多作家、漫画家、编剧、摄影师都是 INFP，你能将自己对美的感知力通过艺术表达出来，或是发挥自己高敏感度的优势，疗愈他人、治愈自我。传播知识和情感疏通的老师、心理咨询也是很不错的选择。

另外，INFP 是靠兴趣过活的人格，任何事情都要建立在你是否感兴趣的基础上。人生就是不断试错的过程，勇敢朝着自己的兴趣冲、冲、冲，你的天赋可无人能及。

5

一直觉得自己没有什么行动力，我该怎么调整呢？

INFP 真的很容易三分钟热度，不是你们没有行动力，而是在遇到一件事情的时候，你会想得很多："我能做好吗""要是做不好该怎么办""太麻烦了，要不算了"……一个个问题浮现在脑海里。

同时你又很容易给予自己负面的评论："肯定不行的""就算做了也没多大用""要不算了吧"。身体没动，大脑倒是经历了一场大乱斗，情绪和想法过多就导致身体"挂机"。

想提高自己行动力，首先就要少听自己大脑的声音，遇到需要完成的事情，条件反射先站起来，开始行动三分钟，只要动了这三分钟，后面也能顺利进行下去。同时给予自己大脑正向的反馈，当大脑问自己"我能行吗"的时候，要回答大脑："我可以的！"

你当然可以呀。

6

我和其他人格相处得如何呢?

INFP × ISFP（**艺术蛋**） 温馨治愈，“一起贴贴”。

INFP × ESFP（**社交蛋**） 互相贴贴，互补但喜欢。

INFP × ISTP（**自由蛋**） 慢慢磨合，天差地别。

INFP × ESTP（**潇洒蛋**） 相互吸引，治愈救赎。

INFP × ISFJ（**守护蛋**） 回避冲突，难以深交。

INFP × ESTJ（**卷卷蛋**） 天差地别，继续磨合。

INFP × ESFJ（**天使蛋**） 奉献者联盟，“我懂你”。

INFP × ENFJ（**暖暖蛋**） 理想主义，“太阳来照亮你”。

INFP × INTJ（**智慧蛋**） 平淡稳定，细水长流。

INFP × ENFP（**活力蛋**） 灵魂伴侣，纯爱代表。

INFP × INTP（**逻辑蛋**） 天差地别，保持边界。

INFP × ENTP（**辩论蛋**） 共鸣吸引，“我来保护你”。

INFP × ISTJ（**模范蛋**） 宠你没道理，贴贴也不赖。

INFP × ENTJ（**霸气蛋**） 致命吸引，刻骨铭心。

INFP × INFJ（**神秘蛋**） 相互理解，“你懂我”。

INTP

逻辑蛋

孤独者

理想主义者

拖延症晚期

研究人类

世界的旁观者

擅长已读不回

暗中观察世界

丰富的精神世界

冷漠

大人小孩综合体

思维跳跃

透明哲学家

不自由，毋宁死

懒惰的完美主义者

独行者

关键词

蛋仔咨询室

CONSULTING ROOM

1. 我适合与哪些人格成为伙伴呢？

2. 我似乎很难理解他人的情绪，总觉得自己没什么感情，这样的我有问题吗？

3. 我该如何提升自己的行动力？

4. 只对感兴趣的事物或者人主动，其他时候都像只树懒，我为什么会这样？

5. 我很迷茫，不知道自己适合做什么。

6. 我和其他人格相处得如何呢？

CONSULTING ROOM CONSULTING ROOM

走进 INTP 的世界

内向·直觉·逻辑·知觉

INTP 就是生活中那个看似冷漠但是熟悉了会发现脑洞很大、什么都能聊的人，平常看着冷冷淡淡的，但是要是 INTP 真的被冒犯到的时候，他们的逻辑思维和语言功能能瞬间爆发，随时开启一场辩论赛。

INTP 是传说中智商最高的人格，爱因斯坦、王阳明、荣格等需要高度思考领域的专家都是 INTP。他们在思维方面无人能敌，一遇到不了解的部分马上开始查资料，相当渴望知识。但是也很容易成为“思考的巨人，行动上的矮子”。面对一件事情开始头脑风暴，列出几大项可能性和结论，到最后需要动手的时候却容易想“算了不干了”“干啥费那劲儿呢”。虽然容易消极应对，但是一旦开始做事也绝对不差！

1

我适合与哪些人格成为伙伴呢？

INTP 在逻辑上是强项，但是在感情上，你就有些像“机器人”了，对于情绪感知不够敏锐，同时对于感情也会相当慎重。你更适合情感丰富、比你直率、能够主动拉近两个人的距离、带动你情绪的人，或者是能尊重你的独立思考空间、理解你的脑洞，和你聊到一块去的人。最重要的是，需要擅长规划和安排，因为你根本懒得计划一切。

ISFJ（守护蛋）/ESFJ（天使蛋）：这两者都是情绪稳定、温柔体贴的人格。能敏锐察觉到你的需求并愿意对放在心上的人无私奉献，能提供相当高质量的情绪价值。虽然似乎是和你有着天差地别的人，但总能让你感受到温暖和爱意，逐步化解你的心结，并且擅长提前一步将活动安排好，你只需要舒舒服服按照他的步骤走就好啦。

ENTJ（霸气蛋）/INTJ（智慧蛋）：INTP 最喜欢的就是聪明人，越聪明越好。你们和 ENTJ/INTJ 就很能在智力层面相互理解。这两者都聪明、理性，懂得多，说话还有趣，能从宇宙大爆炸和你聊到生死的意义。即使其他人觉得天马行空、脑洞太大，但你们依旧能一拍即合。

2 我似乎很难理解他人的情绪，总觉得自己没什么感情，这样的我有问题吗？

INTP 生来就是理性大过感性的人格，但是并不会认为感性不重要。在文学作品、影视作品等艺术方向上，你也能表达自我很感性的那一面。但是唯独面对人的时候，你是有些钝感的，会表现在不是很能看懂其他人的微表情，也不太能察觉到集体中人与人的微妙氛围，甚至对于自我情绪的感知也比较弱。

但这并不代表不是一件好事呀。“钝感”是多少人想求都求不来的自我保护方式。在这种钝感力的加持下，你有一颗能包容万物的心，对于他人的容错率也很高。只是在感知亲友的情绪或是倾听他人烦恼时无法提供他们需要的情绪价值。

对于他人的苦恼或者悲伤，很多时候你都难以共情，不是觉得不耐烦或是情绪不重要，只是会奇怪：这有什么的？

你会站在客观角度上理智地给出建议和分析。这并不是冷血，只是你认为思考高过一切。

在他人有情绪的时候，可以试试认真倾听他们的感受和问题，让对方发泄情绪和分享他们的痛苦，之后再去表达你的理解和共情。使用鼓励性的语言，如“我理解你的感受”“我明白你现在很难过”“遇到这种事我也会生气的”等句式。

3

我该如何提升自己的行动力？

人的时间就这么多，而 INTP 把大量的时间都放在了自我思考和极度发散的思维上了。这样的习惯让你们在很多事情上都有着自己独特的见解，备忘录里说不定也藏着大量充满脑洞的构思。但是，你感兴趣的方面可太多了！这个了解一点，那个去看看大概。时间流逝，却好像什么都没有挖掘得很深。

所以你需要找到自己最感兴趣、最喜欢的方向，朝着那一个方向开动，收回你的注意力，行动才是第一步。

另外，行动力差并不是你太懒了，只是很多时候你觉得一些事情没有太大必要，或者遇到想来催你的家长、老师、领导，会认为对方是在控制你，给自己施压，就会感到烦躁，于是更不想动了。INTP 无论年龄多大，总会有小孩子“叛逆”的一面。需要认清楚的是，其实来催你的人是与你站在同一条线上的人，你们需要达成的目标是一致的，对方的“催”也是一种善意的提醒。在这时，可以多沟通，告知对方你的规划，你不需要“催”也能达到目的。

4 只对感兴趣的事物或者人主动，其他时候都像只树懒，我为什么会这样？

INTP似乎是16型人格中最凭兴趣做事的人格之一了。“兴趣”二字顶天立地站在你的大脑里。对有趣的人和事可以燃烧到200℃，恨不得开口聊三天三夜或是立马动身去探索，而遇到不感兴趣的人和事，就会变成一杯冷水。虽然没有到冰点的程度，但是随之而来的动作、语言、表情都是按照设定好的“程序”进行的，是没什么感情的。

凭兴趣做事是很正常的，你将精力都放在感兴趣的事物上，自然也难以分给那些你认为乏味的人和事。但是，也可以保持开放的心态，将世界当作一个大游乐场，未知的事物可太多了，和朋友、家人体验一下从未尝试过的事物。例如去逛逛曾经不太感兴趣的画展，写一点以前觉得麻烦的日记。尝试去接触不同领域的人和事，从中也能学习和了解到人与人、事与事之间的差异。

其实，在自己感兴趣的事情上释放最大的热情，将其做到最好，已经是相当厉害了！

5 我很迷茫，不知道自己适合做什么。

INTP 最喜欢的就是舒适、自由、能独立思考、具有创造性的工作了。你的脑子就是最大的武器，你很擅长去构建一个全新的世界，选择一些能让你独立思考、少动手、多动脑的职业。比如作家、漫画家等需要自己输出内容的，或是能给你大量空间去看书、去思考的职业，如图书管理员、研究员等。

很多人说 INTP 没有行动力，其实不是的！ INTP 只是对于自己不感兴趣的事物懒得动，但是一旦遇到感兴趣的事情，也是很有行动力的。因此，在迷茫的时候，动手将自己感兴趣的事情都做一遍，你自然就会知道自己最适合什么了。

6

我和其他人格相处得如何呢？

INTP × ISFP（艺术蛋） 互补且温暖，沟通最重要。

INTP × ESFP（社交蛋） 欢喜冤家，爱恨纠葛。

INTP × ISTP（自由蛋） 另一个我，默契最重要。

INTP × ESTP（潇洒蛋） 天差地别，尊重差异。

INTP × ISFJ（守护蛋） 偷偷观察，理性和感性相撞。

INTP × ESTJ（卷卷蛋） 脑洞大开，继续磨合。

INTP × ESFJ（天使蛋） 超级互补，慢慢磨合。

INTP × ENFJ（暖暖蛋） 相斥又相吸，治愈一切。

INTP × INTJ（智慧蛋） 智性恋，最佳损友。

INTP × ENFP（活力蛋） 天作之合，情感共鸣。

INTP × INFP（精灵蛋） 天差地别，保持边界。

INTP × ENTP（辩论蛋） 随性自由，灵魂碰撞。

INTP × ISTJ（模范蛋） 理性至上，深刻共鸣。

INTP × ENTJ（霸气蛋） 互补般配，理智共鸣。

INTP × INFJ（神秘蛋） 截然不同，相互吸引。

ENFJ

暖暖蛋

边界感弱

责任感

共情力强

利他性

我也很容易内耗

好奇心

道德感

中央空调

很多爱

计划

正道的光

善良

暖心可靠

话多

热爱世间万物

很热情

感性

关键词

蛋仔咨询室

CONSULTING ROOM

1 和他人相处经常会觉得内耗受伤，该怎么调整呢?

2 我和什么样的人在一起会更适合呢?

3 别人需要我，我都想尽可能满足对方，但偶尔也会很累。

4 朋友说我有时候喜欢讲大道理说教别人，我该怎么改正呢?

5 我该如何爱自己呢?

6 我和其他人格相处得如何呢?

MBTI
ESTP
INTP
ISFP
ESTJ
ENTJ
ENTP
ESFJ
ISTJ
ENFP
ISTP
ESFP
ISFJ
INTJ
INFP
INFJ
ENFJ
E
N
F
P
I
S
T
J

走进 ENFJ 的世界

外向 · 直觉 · 情感 · 判断

能做到在公交上让座，扶老奶奶过马路，路见不平拔刀相助的 ENFJ，怎么不是正道的光了？他们正义感极强，会习惯性地将身边好友遇到的麻烦事当作是自己的，奋力相助，如果在帮到对方后能得到一句感谢，那就更好啦。如果说 ENFP（活力蛋）是活泼的热血小狗，那 ENFJ 就是热情懂事的金毛大狗狗。

ENFJ 很容易成为别人心目中的良师益友，因为你十分擅长开导，也愿意给别人解决麻烦。但是在积极阳光的外表下也有一颗敏感易受伤的心灵，希望他们将所有的注意力放在他人身上的同时，也多多关爱自己吧！

1 和他人相处经常会觉得内耗受伤，该怎么调整呢？

作为很需要和人产生联系、渴望被接受和赞同的 ENFJ，你真的很关注他人，愿意帮助别人并满足他们的期望，不愿意让别人失望。所以你会在自己力所能及的范围内、无差别地对人好。然而，这会导致你容易忽略自己的需求，过度依赖与关注外界，产生内耗。

对你来说，最重要的一点就是学会分清边界！人和人之间各有各的边界。与他人相处时，学会清晰地表达自己的需求和意见。不要害怕表达或说出“不”，把投放给他人的关注和付出扩展到自己身上，学会关注自己的心理需求。

建议阅读一些心理学的书籍，例如《自我边界》等讲述人际关系的书籍。

2 我和什么样的人在一起会更适合呢？

你的情绪很丰富，分享欲更是旺盛，因此更适合能与你共情，在你内耗时安慰你的人，能经常给予你回应和反馈，最好还要多夸夸你！同时，和你一样善良且愿意帮助他人，还能细致入微地承接你所有的情绪就更好了！

INFP（精灵蛋）：INFP 温柔、理解和富有同情心。他们能理解你心底的敏感并给予支持。而你的照顾和关怀能够满足 INFP 内心对偏爱的渴望。三观契合的你们能做到尊重彼此。

ENFP（活力蛋）：ENFP 和你都是积极进取的人，很容易在一些社交场合上相互吸引。你的自信、决断力和热情容易吸引 ENFP，而 ENFP 的创造力和激情也能打动你。

ENFJ（暖暖蛋）：和另一个自己谈恋爱是什么感觉？既然你们都喜欢关注他人感受，那正好互相关注彼此啦。你们都是非常关注他人情感和需求的人，能够理解彼此的情感世界，并为对方提供支持和理解。

3

别人需要我，我都想尽可能满足对方，但偶尔也会很累。

想告诉所有 ENFJ 的一句话：这是他的责任，不是你的！

你需要的是去了解自我的内心，过多在乎他人的需要是因为你有着强烈的责任感，还是因为你想要在外人面前有一个好印象？只有真正深入了解自己的需求，你才能更好地理解何时、以任何方式满足他人的需求，有助于你的成长和幸福，进而懂得何时你需要照顾自己。

努力在满足他人的需求和照顾自己之间寻找平衡，这并不代表着完全放弃关心他人，而是确保你也能得到足够的照顾。尝试设立时间限制、合理安排自己的日程和优先事项，以确保你有足够的时间和精力来恢复和满足自己的需求。

去寻找那些能够理解、欣赏和共享你的价值观的人，和过度向你索取的人划分界限，有些人并不值得你这么做。

不要时刻想着取悦他人或迎合他们的期望，你才是这个世界上最重要的。

4 朋友说我有时候喜欢讲大道理说教别人，我该怎么改正呢？

ENFJ 心地善良、爱照顾他人，有什么困难总想着帮别人解决掉，但有时就会带上些说教的味道，忍不住教导他人该怎么去做。可以学习一些沟通上的技巧来避免这些问题：

在与他人交流时，放下说教的态度，更多地倾听他们的想法、感受和观点。要有耐心地理解对方的立场，给予他们独立思考的空间。

不要第一时间直接给出解决方案或教导别人！在这个时候控制住自己，尝试使用提问和引导的方式，帮助对方独立思考问题并找到解决方案。

另外，你得意识到每个人都有自己的需求和目标，要尊重他们的个人空间和自主权。

5

我该如何爱自己呢?

作为一个 ENFJ，你的情绪总是饱满到要溢出来，经常关注他人的想法和需求，想要为他人做些什么。但爱自己也同样重要，首先就是要接纳自我，将注意力拉回自己的身上，去关注你的内心，给自己留出时间进行自我反省和深入思考，只有更好地了解自己，你才能学会爱自己。

其次，降低自己过度的分享欲。你总是想要将身边发生的一切都告诉身边人，同时对别人的反馈抱有很大的期待。但你无法改变他人，既然如此，那就先降低自己对他人的期待。学会如何独处，把自己当作自己的好朋友。

再次，和一些支持你、肯定你的人建立和维护良好的关系，分享你的想法、感受和困惑，并接受他们的鼓励和支持，学会对其他人有所保留。

6

我和其他人格相处得如何呢？

ENFJ×ISFP（**艺术蛋**）暖心又暖胃，完美伴侣。

ENFJ×ESFP（**社交蛋**）浪漫和温柔的碰撞，甜甜蜜蜜。

ENFJ×ISTP（**自由蛋**）爱恨情仇，相处有点难。

ENFJ×ESTP（**潇洒蛋**）亦敌亦友，需要磨合。

ENFJ×ISFJ（**守护蛋**）超强吸引力，“我来照顾你”。

ENFJ×ESTJ（**卷卷蛋**）天生一对，默契至极。

ENFJ×ESFJ（**天使蛋**）夸夸二人组，相互温暖。

ENFJ×INTP（**逻辑蛋**）相斥又相吸，治愈一切。

ENFJ×INTJ（**智慧蛋**）逐步磨合，互补成长。

ENFJ×ENFP（**活力蛋**）小太阳，“温暖你，照亮你”。

ENFJ×INFP（**精灵蛋**）理想主义，“太阳来照亮你”。

ENFJ×ENTP（**辩论蛋**）不记仇小孩，互补体贴。

ENFJ×ISTJ（**模范蛋**）莫名吸引，慢慢磨合。

ENFJ×ENTJ（**霸气蛋**）棋逢对手，如火如荼。

ENFJ×INFJ（**神秘蛋**）灵魂伴侣，心灵导师。

ENTJ
霸气蛋

高瞻远瞩
超抗压
自信
统领者
大胆的战略家
野心勃勃
头脑风暴
超强执行
强者人生
天选领导
我就是中心
竞争中的胜出者
责任感
规划全局

关键词

蛋仔咨询室
CONSULTING ROOM

1. 我好像很冷血，总是以利益优先，这样难道不对吗？
2. 看不惯别人做事的方式，但我也不能替他做，该怎么办呢？
3. 我适合与什么样的人格恋爱呢？
4. 有时候会过分情绪化、对别人不耐烦，但是很难控制自己。
5. 做什么工作会使我快乐？
6. 我和其他人格相处得如何呢？

走进 ENTJ 的世界

外向 · 直觉 · 逻辑 · 判断

ENTJ 是一头骄傲的狮子，从还是幼狮的时候便格外热爱竞争，好胜心强，想要赢过所有人，认为“只有和我站在同一层面的人，才配被我看到”，是很典型的“别低头，皇冠会掉”的人格，永远只往前看，远方的梦想才是 ENTJ 想要的，被抛在身后的一切，对他们来说都无关紧要。

在确认自己的梦想和目标后，便能迅速给自己列好计划，超强执行力和高瞻远瞩的目光能让他们处于不败之地。这也是为什么都说 ENTJ 是天生领导者的原因了。

他们不会满足于和其他人过得一样，浑身总散发着一种气质——我不遵循世间所有的规则，我只走自己选择的路。

1 我好像很冷血，总是以利益优先，这样难道不对吗？

ENTJ 身上带有一种“情绪是无用的”的气质，你坚信只有理智、逻辑和行动力能帮助你完成每件事。一切都可以用“对”与“错”来划分，甚至在面对人的时候，也会下意识地把人当作可利用的工具。

其实你不仅对于他人是这样，对自己也是如此。一旦遇到现实生活的挫折，你会首先反思自我，寻找到能解决这个问题的方法。如果身边的人在这之后遇到同样的困扰，你只会第一时间想到：他为什么不这样做？这听着似乎有些冷血，但实际上你并不是完全忽略他人感受，相较情感，你更注重得到的结论和解决的方法。

ENTJ 在为人处世时更着重利益和效率，但这并不代表着你缺乏同理心或关心他人。个体间差异很大，每个 ENTJ 都有自己的价值观和伦理标准。你也能成为朋友的忠实后盾，给足他人建议。

其实，不同的人有不同的思维方式，有感性的人必定会有理性的人。理性没有错，以利益为先也没有错，这只是你自我保护的方式罢了，做你认为对的事情就好。

2 看不惯别人做事的方式，但我也不能替他做，该怎么办呢？

你是最优秀的战略家，不仅有高瞻远瞩的眼光，还有超强的行动力，对任何事情都有着自己的见解。所以，并不是所有人都能跟得上你的脚步的呀。你什么都好，就是很容易对效率低又跟不上你思维的人感到不耐烦。

遇到这种情况的时候，得告诉自己：每个人的标准都不同，TA 有 TA 的方式，你有你的方式。学会尊重和理解人类的多样性，相信每个人在他们的领域内都有自己的专业知识和能力，通往目标的道路不止一条。别用自己的标准期待他人，否则换回来的很有可能是失望。

如果你注意到别人的方式有改进的空间，可以适度地分享你的想法。记住，一定要是温和且能让对方接受的方式。不要先站在至高点上审判他人，否则再好的建议都难以被采纳哦。

最后可以尝试鼓励自我，告诉自己：你得接受，不是所有的事情都能在你的掌控下平稳前进，其他方式也能实现目标。

3

我适合与什么样的人格恋爱呢？

对其他方面很敏锐的你，好像在感情上有些迟钝、慢热。你对待感情就像对待工作一样，挑剔且认真，一旦认准，所有温柔都能向对方倾倒。更适合一些性子比你软的、能够接受你的控制欲、你能主导的人，要么就是和你一样，有野心有目标还能自律的人。

最最重要的是，能够顺利沟通、不磨叽、大脑灵活的人，否则你们真的会不耐烦！

ISFJ（守护蛋）：ISFJ 似乎是和你有些不同的人，他们温和敏感，就算你想掌控他们，他们也能乐呵呵地听你的话，按照你的安排做事。ISFJ 能欣赏你的理性和逻辑，像温和的泉水逐步进入你的心扉。他们能够用足够的耐心和爱包裹你。

ENTJ（霸气蛋）：你们对同类型的人也具有很深的吸引力。你们互相懂得对方的思想，站在同一层面共享类似的价值观、目标导向和做事方式，也能够理解对方的决策和动机，互相支持和激励。

但同时也容易为了争夺谁是这段感情中的主导而起争执哦。

ENFP（活力蛋）：ENFP 也是你的理想伴侣之一。ENFP 能为你带来更多情感的温暖和充满活力的激情，而你更加稳定，思维能力强，又具有组织能力，你们相似但又不同，关系中充满着奇妙的吸引力。

4 做什么工作会使我快乐？

ENTJ 恐怕是 16 型人格中最会做计划和复盘的人格了。完成计划是一回事，复盘曾经的计划并反思是否有圆满完成、哪些地方还能再改进才是你最乐此不疲的事情。不少 ENTJ 都表示，生活中的“小确幸”是“划掉日程计划中最后一个待办事项”。怪不得你们和 ESTJ（卷卷蛋）人格并列 16 型人格中收入前两位呢。

日常高瞻远瞩、构思未来的你，做一些需要严谨的态度和超高的分析能力的职业再好不过了。ENTJ 外向开朗且善于规划，拥有超强的决断力和组织能力，能带领团队一步步实现目标。同时你擅长思考和分析复杂的问题，并能够以清晰、逻辑性和条理性强的方式表达观点。

ENTJ 很适合从事金融、法律等要求严谨态度的行业以及当各行各业的“指挥官”，拿着手中的“指挥棒”做出决策和监督团队完成计划里的每一项工作，都能得到巨大的满足感。

5 有时候会过分情绪化、对别人不耐烦，但是很难控制自己。

ENTJ 很多时候是拿着手中的“尺子”来丈量世界的，所以在看到很多你们认为不对的事情的时候，就会很容易生气——“这么简单的事情，为什么做不对呢”“这件事是这样的，你怎么不明白呢”等等。

归根结底是因为你对自己的要求多，也会忍不住对他人有要求啦。

遇到这种情况，可以在心中默念“不关我的事，不关我的事”，别人的课题就不要揽在自己身上了，做好自己的功课最重要。

6

我和其他人格相处得如何呢？

ENTJ × ISFP（**艺术蛋**） 为你计划一切，“你好冷漠”。

ENTJ × ESFP（**社交蛋**） 实用主义联盟，理性又热情。

ENTJ × ISTP（**自由蛋**） 互相吸引，爱很奇妙。

ENTJ × ESTP（**潇洒蛋**） 霸道二人组，一山不容二虎。

ENTJ × ISFJ（**守护蛋**） 互补吸引，相互学习。

ENTJ × ESTJ（**卷卷蛋**） 强强联合，最佳拍档。

ENTJ × ESFJ（**天使蛋**） 稳定平淡，细水长流。

ENTJ × INTP（**逻辑蛋**） 互补般配，理智共鸣。

ENTJ × INTJ（**智慧蛋**） 强者思维，理性友好。

ENTJ × ENFP（**活力蛋**） 相爱相杀，欢喜冤家。

ENTJ × INFP（**精灵蛋**） 致命吸引，刻骨铭心。

ENTJ × ENTP（**辩论蛋**） 天生一对，勇往直前。

ENTJ × ISTJ（**模范蛋**） 相互拉扯，双强之争。

ENTJ × ENFJ（**暖暖蛋**） 棋逢对手，如火如荼。

ENTJ × INFJ（**神秘蛋**） 理想主义者联盟，彼此亲近。

ENFP
活力蛋

精力旺盛

小太阳

好奇心巨强

快乐小狗

小狗会爱人

需要偏爱

真诚又可爱

超强共情力

热爱分享

开心果

浪漫主义者

叽叽喳喳

热情

很会安慰人

理想主义

关键词

蛋仔咨询室
CONSULTING ROOM

1 ▸ 我适合与什么样的人格在一起呢？

2 ▸ 我的朋友很多，但是深交的人很少，有时候会觉得孤单，该怎么调解呢？

3 ▸ 我做什么事情才能快乐呢？

4 ▸ 有时候会焦虑内耗，我不知道该怎么调整。

5 ▸ 想让我的朋友都很喜欢我，希望付出的真心都会有回应，常常因为这个苦恼，我该怎么办呢？

6 ▸ 我和其他人格相处得如何呢？

走进 ENFP 的世界

外向 · 直觉 · 情感 · 知觉

ENFP 的精神世界很丰富，经常能发现生活中不同的小细节，而且有着强烈的分享欲——“路边的小狗好可爱啊，我要赶紧拍下来发给朋友看看”“今天的天空好美啊”“欸，我又发现了新的美食店”。他们不仅善于表达自己的情感，还相当懂得如何爱人，这似乎是ENFP与生俱来的本领，就像小狗一样，喜欢一个人就会将最柔软的一面展现给对方看。但是同样的，他们也很需要朋友的反馈，不然“小狗”可是会伤心的！

但几乎所有“NF”（直觉—逻辑）型人格都是天生的“隐藏家”，ENFP 也不例外，受了伤之后也会默默藏在心中，很难主动说出自己的痛。如果对方一而再再而三地冒犯到ENFP，那他们也会果断地将这段关系排除在自己的世界之外。

作为理想主义者的 ENFP，对于未来有着美好的期许和憧憬，他们始终都相信，明天会更好。

1 我适合和什么样的人格在一起呢？

虽然你热情活泼，看似什么都不计较，其实内心是很敏感的，很需要他人的关注，希望自己抛出的话题能够得到回应，否则也很容易受伤。因此你适合那些能察觉出你的敏感，并能给予独一无二的偏爱、无论你的想法有多么天马行空都能接住的人。最主要的是，他们能和你一样有趣！

INFJ（神秘蛋）：敏锐的 INFJ 能洞察他人的内心世界，你的情绪很容易被他们感知到，并被温柔地包容。而且 INFJ 也是内在柔软的人，一旦认定了你，他们会全身心地付出，及时回馈你。在日常生活中，你们的脑洞高度重合，能相互深刻理解对方，双方需要的都是精神上的、深层次的爱。

ESFJ（天使蛋）：他们和你一样热情且善良，不同的是 ESFJ 能发现你“社交能手”面具下需要关怀的心。你的一举一动他们都能给出反馈。在一起就会放飞自我，你侬我侬。

INTJ（智慧蛋）：你有脑洞，INTJ 有计划，你俩在一起就是你想干什么，他来主动落实。两人一起探索世界，互补的同时也欣赏着对方的不同。

2

我的朋友很多，但是深交的人很少，有时候会觉得孤单，该怎么调解呢？

ENFP 有一种强烈的社交责任感，一旦场子冷下来了，你会主动调节气氛，发挥自己的“E”人属性，确保每个人都能融入进来。作为一个既能表达又会倾听的完美“社交小能手”，你总能游走在不同的人之间，深谙什么样的俏皮话能让对方开心，怎样的方式能缓解他人的情绪。和你相识的大部分人都会认为你是个乐观的开心果。

然而，其实你是一个对于灵魂契合度要求很高的人，更希望能有产生精神共鸣的对象出现，而不是仅仅停留在吃喝玩乐上的朋友。同时也会对好友抱有过高的期待，希望对方事事皆有回应。一旦敏锐地察觉出朋友对你的冷淡，你就会自动收回自己的心。

所以有时候会觉得孤独，其实本质上是放了太多的期待在他人身上，一旦期待得不到满足，受伤的往往是你自己。

尝试接纳自己的孤独，降低对他人的期待，将重心放在自己的身上。同时去寻找那些能在精神上能够和你产生共鸣的朋友吧。

3

我做什么事情才能快乐呢？

ENFP 简直就是创意的神好吗？你们积极、具有创造性、想象力丰富，很适合通具有过创意性的工作把大脑中的想法变为实际。当大多数人还着眼于现实的时候，你已经能突破想象冒出一个又一个的点子。另外你们很需要自由，无法在一个枯燥乏味、等级分明、像机器人一样的工作环境中生存，更适合一些氛围轻松，还能让你不断创新的工作。

你天生就有着活跃的大脑，既能倾听他人的苦恼也会表达情感，对于感兴趣的事物有着难以想象的坚持。你很适合作家、设计师、演员等需要创造力的职业，或者是指导他人、促进他人发展的教育咨询类工作，例如老师、心理咨询师等。

只要自由度高、氛围好，ENFP 在任何类型的工作上都能出彩。

4 经常会焦虑内耗，我不知道该怎么调整。

作为一个 ENFP，你可能对外界的情感和氛围变化非常敏感，容易被他人的情绪所影响，同时会过度思考和想象。严重的时候，甚至把自己的想象当作现实，引发焦虑。

首先，停止思考，不要去和你的想法对话。一旦产生内耗，告诉自己：这些想法是假的，对我来说没有任何意义。

其次，保持健康的生活习惯对于减轻焦虑也很重要，保持充足的睡眠、均衡的饮食和适度的运动。此外，限制咖啡因和刺激性物质的摄入，它们可能会加剧焦虑感哦。

再次，寻求亲密的朋友、家人的支持吧。他们可以提供理解、支持，对他们说出困扰你的事情，放下自己心中的“石头”。

5 想让我的朋友都很喜欢我，希望付出的真心都会有回应，常常因为这个苦恼，我该怎么办呢？

ENFP 真的是很难得的、遇到喜欢的人就会完全不计较付出的人格。你一开始只想把所有的爱和温暖都给予对方，一旦被拒之门外就会格外失落。

但是，不同的人有不同的方式来表达和回应情感呀。你的朋友们并非不喜欢你或不重视你的真心，只是他们可能会用不同的方式表达情感。有些人可能更内敛，不会像你期望的那样直接回应，但这并不代表他们不在意你。

建议和朋友坦诚地沟通你的感受，表达你对真心回应的期望，这样可以增进彼此的理解。

如果常常因为朋友而苦恼，可以去寻找那些能够理解和欣赏你的深度思考的朋友，他们可能能更好地回应你的真心。

要意识到自己的价值并不完全取决于他人对你的回应。你的真心是宝贵的，无论他人是否完全理解，都不会改变这一点。相信并欣赏自己的独特性，会帮助你减少对别人回应的依赖和由此产生的苦恼。

寻找能够带给你满足感的活动和兴趣。通过专注于个人发展、学习和追求自己的兴趣，你可以获得内在的满足感，不必过度依赖他人的回应来满足自我。

6 我和其他人格相处得如何呢？

ENFP × ISFP（**艺术蛋**） 快乐搭档，一起玩吧！

ENFP × ESFP（**社交蛋**）活力四射，情感共鸣。

ENFP × ISTP（**自由蛋**） 互补但有趣，一起快乐。

ENFP × ESTP（**潇洒蛋**）新鲜感第一，一起挑战。

ENFP × ISFJ（**守护蛋**） 共情力超强，相互共鸣。

ENFP × ESTJ（**卷卷蛋**）注重沟通，相互学习。

ENFP × ESFJ（**天使蛋**） 乐观至上，你侬我侬。

ENFP × INTP（**逻辑蛋**）天作之合，情感共鸣。

ENFP × INTJ（**智慧蛋**） 互补治愈，温暖你的心。

ENFP × ENTJ（**霸气蛋**）相爱相杀，欢喜冤家。

ENFP × INFP（**精灵蛋**） 灵魂伴侣，纯爱代表。

ENFP × ENTP（**辩论蛋**）气氛组，天选 CP。

ENFP × ISTJ（**模范蛋**） 灵魂伴侣，冰与火之恋。

ENFP × ENFJ（**暖暖蛋**）小太阳，“温暖你，照亮你”。

ENFP × INFJ（**神秘蛋**） 情感连接，相互平衡。

ENTP

辩论蛋

有同理心但无共情力

逻辑高手

反复无常

随性潇洒

好奇宝宝

反传统

反叛又迷人

自恋

好胜心

坦坦荡荡

收集人类样本计划

口才能力

容易下意识反驳他人

一切都要掌控在我的手上

有话直说

自我

自洽

关键词

蛋仔咨询室
CONSULTING ROOM

1. 我适合与什么样的人格在一起呢?

2. 从事什么工作会让我更开心呢?

3. 难以接受循规蹈矩的生活,很容易感到无聊,怎么办呢?

4. 感同身受对我来说是一件很难的事情,我很冷漠吗?

5. 无论对自己,还是对他人都容易失去耐心,只想快速把一件事搞定,我需要调整吗?

6. 我和其他人格相处得如何呢?

走进 ENTP 的世界

外向·直觉·逻辑·知觉

ENTP 就像难以被人束缚的小豹子一样，在各个领域打滚探索，好奇心极强，这里好玩，那儿也不错，很难将他们强行困在一个地方。他们热爱自由且难以接受被干涉，天生就是要在这片丛林中跑来跑去，世界就是供他们探索的大花园。

ENTP 不仅好奇心极强，也很会动脑思考去寻找事物的真理。表面上是很会辩论的最佳辩手，活泼且才华横溢，实际上内心相当理智。他们不畏权威，能对任何事物提出不同的看法，讨厌过度的规矩和束缚，是时刻走在创新第一线的天才反叛家，理性、逻辑和脑洞并存，ENTP 是能手握大局观，远眺未来的能力者。

1

我适合与什么样的人格在一起呢?

ENTP看起来挺好相处，但是能进入你内心的人寥寥无几。哪怕一起吃喝玩乐，认识十几年了，都不一定是你能放在心里的挚友。相较于物质层面，你更在意对方能否在精神上与你站在同一层面上。你追求真理，喜欢有独立思考意识，能理解到你的点的人。

INFJ（神秘蛋）：INFJ沉稳且很有自己的个人见解，对待事物有独特的思考模式，他们喜欢专注于一件事并将其做到最好，ENTP过于跳脱，而INFJ刚好能压住你的性子，帮你把脑洞变为现实。他们也能被你的敏捷思维、超强执行力所吸引。

ENFP（活力蛋）：ENFP和你一样是外向、直觉敏锐的人。他们像热情的小狗时不时冲你摇尾巴，有着善良纯真的本色，对待人际关系和情感表达较为敏感，与你的创造力和探索欲望相辅相成。

INTP（逻辑蛋）：INTP在思考和理解问题上与你有共同点。你们都很理性，是完完全全同一个世界的人。与INTP相处可以激发彼此的思维，并进行深入的讨论，产生思想共鸣、灵魂共振。

2 从事什么工作会让我更开心呢？

ENTP 容易产生高智商人群，你很灵活不死板，反传统、反权威是你与生俱来的天性，有着取之不尽、用之不竭的创意。你好奇心旺盛，精力充沛，逻辑清晰且口才了得，但很难坚持，容易东一榔头、西一棒子。在选择职业的时候，可以选择避开那些规则多、重复性的工作。

自由度高、需要创意，永远都有新鲜事物的工作更适合你。例如产品研发、创意行业、传媒行业等。

需要与人沟通的工作也很适合你，例如市场营销、顾问等行业。

你的领导力和执行力也是 16 型人格中格外突出的，自主创业也能发展得不错。

3 难以接受循规蹈矩的生活，很容易感到无聊，怎么办呢？

作为一个时刻在思考、在变化的 ENTP，你更喜欢世界是新奇、刺激的，过度循规蹈矩的生活容易让你受到限制，尤其是在自己的创意无法发挥的时候。

然而，现实生活中难免会遇到一成不变的情况，可以尝试让自己跳出现有的生活寻找不同的刺激和惊喜。

尝试与不同类型的人建立联系并拓展社交圈子，与不同背景和兴趣的人交往可以激发你的思维，并帮助你跳出舒适区，增加生活的多样性和新鲜感哦。

另外为自己设定具体而有挑战性的目标，例如学一门新语言，挑战一下自己的专注力。

4 感同身受对我来说是一件很难的事情，我很冷漠吗？

ENTP 并不是没有共情力的人格，比起“近处的哭声”，你们更能听到“远方的哭声”。一切事情都能引起你的共情心，甚至能设身处地代入并落泪。但是在面对周围人的情绪时，你却不太能产生共鸣。

这并不是冷漠，你的洞察力和理解能力让你更倾向于通过思考和分析来解决问题，遇事会第一时间去思考该如何解决，而不是强调情感共鸣。你更注重逻辑和理性的解决方案。

接受自己的个性特点，而不要过于苛求自己变成完全符合他人期望的人。每个人都是独特的，你只是更理性罢了，这并没有错。

5 无论对自己，还是对他人都容易失去耐心，只想快速把一件事搞定，我需要调整吗？

ENTP 没耐心是再正常不过的事情啦！你们喜欢刺激，喜欢新的挑战，面对需要重复性的任务会感到很无聊，失去耐心。同时大脑又动得太快，每分每秒都在计算、思考，希望有什么问题都可以快速解决掉。如果他人没有和你一样活跃的思维，就很容易被你认为他是一个不太聪明的人。

想调整的话，可以尽量给予他人表达观点和意见的机会，认真倾听他们的想法。每个人擅长的方向不同，相信通过集思广益，你可以获得更全面的观点和解决方案。

思维过度跳跃也很容易让你忽略掉细节方面的问题，但是要知道一件事之所以能被完成，就是由无数个细枝末节拼凑起来的，试试独立完成一整幅拼图或其他注重细节的挑战，这样可以最大化地培养你的耐心。

追求快速当然是好的，但有时候一些问题需要时间和耐心来解决。从面对这些挑战中学会坚持，会让你成长得更为强大。

6

我和其他人格相处得如何呢？

ENTP×ISFP（**艺术蛋**） 相斥相吸，玩得不错。

ENTP×ESFP（**社交蛋**） 相爱相杀，情绪起伏。

ENTP×ISTP（**自由蛋**） 理性又疯狂，相互理解。

ENTP×ESTP（**潇洒蛋**） 社交二人组，十分默契。

ENTP×ISFJ（**守护蛋**） 相互理解，慢慢磨合。

ENTP×ESTJ（**卷卷蛋**） 双强联动，“我来主导”。

ENTP×ESFJ（**天使蛋**） 相爱相杀，沟通万岁。

ENTP×INTP（**逻辑蛋**） 随性自由，灵魂碰撞。

ENTP×INTJ（**智慧蛋**） 互相吸引，需要磨合。

ENTP×ENTJ（**霸气蛋**） 天生一对，勇往直前。

ENTP×INFP（**精灵蛋**） 共鸣吸引，“我来保护你”。

ENTP×ENFP（**活力蛋**） 气氛组，天选 CP。

ENTP×ISTJ（**模范蛋**） 探索新鲜，奇妙之恋。

ENTP×ENFJ（**暖暖蛋**） 不记仇小孩，互补体贴。

ENTP×INFJ（**神秘蛋**） 完美互补，吸引力。

揭秘
快乐秘诀

CHAPTER 3

社恐or社牛？

获取能量方式的差异

大多数人将内向 I 和外向 E 简单区分为社恐和社牛，但其实区分内向和外向最重要的部分，在于二者对于为精神能量“充电”的方式不同。

劳累了一周的人们的“充电”方式各有差异：“E”人会呼朋唤友邀请大家一起去吃顿好的，去 KTV 开心一晚犒劳自己，他们在和亲友相处、沟通、玩乐中吸取能量；而“I”人们此时只想回家一个人好好发呆、睡大觉，或者做一切自己独处就能完成的事情，在他们看来，在外与人沟通、社交就是不断“耗电”的过程，享受独处空间才能给自己“充满电”。

所以“I”人其实也不一定社恐哦，只要他们充满电了，有足够的能量，“I”人在社交中也能“为‘I’做‘E’”！“E”人也不一定在什么场合都社牛，只是他们会更享受社交的过程，需要和外界保持连接来维持自身的能量。

超现实主义 or 脑补爱好者？

接收信息和观点的差异

先做一个相当有名的测试：一匹马走进一家酒吧，它会对调酒师说什么？

3、2、1。

S 型人会回答：“马不会说话呀”“马怎么说话”“马去酒吧干什么”等相当现实性的提问。

N 型人会开始思考：“这匹马喜欢喝什么呢”“这家酒吧连马都能来，是什么神秘酒吧”，并开始在脑海中给马点菜。

这个测试就能很直观感受到实感型人和直觉型人的差异：“S”人更加重视“感官体验”，他们更在乎五感能实实在在体会到的真实事物，更加注重现实和细节部分。在没有“这是一个动物都能说话的世界”的前提下，他们很难代入非现实的场景中，反而会敏锐提出与现实中相悖的地方。

“N”人相较“S”人会更能理解抽象的信息、概念，对于马能说话这件事，他们几乎是立马接受并且迅速在脑内开始发散性思维，甚至能给你编出一篇小故事来。

T 逻辑 ·················· 情感 F

理性至上and感性无敌

决策时的差异性

“朋友和我抱怨老板在工作上对她的指责，我了解事情原委后帮她列出几条建议和改正的地方，她却不理我了，该怎么办？”

“T”人的爱是提问。

“F”人的爱却是反应。

这就造成了两者的差异，“T”人偏向理性和逻辑，他们喜欢通过分析和思考来解决问题。而“F”人更注重情感和人际关系，他们更加关心他人的感受和价值观。这就导致“T”人觉得：我明明在认真倾听了你的抱怨后给了解决方法呀。“F”人则会认为：我来倾诉只是需要安慰和共情，你这样显得好冷漠啊。

情感型的“F”人是共情力的一把好手，他们更擅长同情或者理解他人，像诉苦这种事情，“F”人第一时间会开始理解并代入自我，马上展开语言上的安慰，而“T”人并不一定能理解对方的情绪，他们会更多去询问事件的细节，了解后开始想办法解决问题。

没有谁对谁错一说，对待事物的差异、理性和感性，让大家共同构成了这个不同但美好的社会。

条条框框 or 打破计划？

对待外界表现的差异

“J”和“P”可不仅仅是做计划和不做计划的区别。他们之间的差异在于对外界的感知。P 型人对待外界时会使用自己的“观察”功能，不喜欢过多的规划和其他人的约束，他们更喜欢在对待事物的观察中随机应变，需要拥有更多自我发挥的空间；而 J 型人对待外界时会使用自身的“判断”功能，他们喜欢有非常明确的评判标准，根据评判标准来确认自我的规划，依照规划行动。

所以，“J”人更喜欢事先计划好自己的一切，无论是工作、学习还是出行游玩，他们会更愿意将事物规划好后再逐步执行，“P”人会更加灵活，对于一切事物主打一个先看看再说，根据当前状况再做决定。

因此，P 型人格更适合有创意的、能自我发挥的事业；J 型人格会更适合有规划的、能明确给出反馈的工作。

MBTI 解答

为什么我的 MBTI 总是在变化?

MBTI 八个维度就像四架跷跷板一样，I 和 E、N 和 S、T 和 F、P 和 T 各自在四架跷跷板的一端，当其中一端的力量战胜另一端时，你的 MBTI 就会倾向胜利的那一方。但这并不代表失败的那一端在我们的人格中就是完全隐藏的。就像极端的“T”（逻辑）人和极端“F”（情感）人很少，我们大部分人都是情感和逻辑占比差别不大的，这也就导致了数值一旦有波动就容易产生变化。

另一方面，主观视角的自我是会随着环境变化的，如果一个“I”人这段时间和身边人一起过得很舒适，而且经历了几个相当愉快的多人社交活动，那他的“E”值就有可能提升哦。

MBTI 小贴示

MBTI 无法预测到所有人的行为，相同的人格类型也会存在着不同的性格和行为倾向哦。

当听到有人谈论自己的 MBTI 类型时，不要把它看作一个封闭的标签，而是一个有趣的对话起点。通过分享你的类型，你可以与他人比较、探索共同之处和差异，进一步理解自己和他人在认知和行为上的差异。

无论你是快乐小狗 ENFP（活力蛋）还是认真严谨的 ISTJ（模范蛋），接受自己并且理解身边人的特性——TA 为什么和我的思维方式这么不同？原来 TA 是 F 型人格呀，那我面对 TA 时可以多些共情和理解。

MBTI 就是一个帮助我们更好地了解自身及周边人的工具，好好运用，能解决不少社交及情绪上的困扰哦！

图书在版编目（CIP）数据

MBTI 十六型人格：拥抱多巴胺人生 / 李果编著 . --
北京：新世界出版社, 2024.3
ISBN 978-7-5104-7862-8

Ⅰ. ①M… Ⅱ. ①李… Ⅲ. ①人格心理学—通俗读物
Ⅳ. ①B848-49

中国国家版本馆 CIP 数据核字 (2024) 第 024856 号

MBTI 十六型人格

编　　著：李果
选题策划：艾米　牛果儿
责任编辑：苏丽娅
装帧设计：VIVI
责任校对：宣慧
责任印制：王宝根
出　　版：新世界出版社
网　　址：http://www.nwp.com.cn
社　　址：北京西城区百万庄大街24号（100037）
发 行 部：(010)6899 5968（电话）　(010)6899 0635（电话）
总 编 室：(010)6899 5424（电话）　(010)6832 6679（传真）
版 权 部：+8610 6899 6306（电话）　nwpcd@sina.com（电邮）
印　　刷：武汉鸿印社科技有限公司
经　　销：新华书店
开　　本：889×1230mm　1/32　尺寸：145mm×210mm
字　　数：130千字　印张：6.25
版　　次：2024年3月第1版　2025年7月第2次印刷
书　　号：ISBN 978-7-5104-7862-8
定　　价：32.00元